"十三五"职业教育国家规划教材

建筑 CAD

（第2版）

主　编　沈　莉
副主编　卞素兰　李新兵
参　编　洪继龙
主　审　徐明刚

U0234141

北京理工大学出版社
BEIJING INSTITUTE OF TECHNOLOGY PRESS

内 容 简 介

本书结合一套典型的建筑施工图案例，详细讲解了中望CAD软件的基本操作及建筑施工图的绘图流程与方法，让读者在学习项目案例操作的过程中掌握中望CAD软件在建筑施工图中的应用和使用技巧。全书共10章，主要内容包括计算机辅助技术在建筑工程中的应用、建筑施工图绘制准备工作、绘制建筑总总平面图、绘制建筑平面图、绘制建筑立面图、绘制剖面图与查询图形信息、绘制建筑详图、输出打印和发布建筑图纸、三维建筑模型的绘制、中望建筑软件简介（拓展部分）等内容。本书所有实例都取自设计实践中的图纸，绘制过程中不断穿插有关建筑制图的技巧，相信这些对读者的实际工作会有一定的帮助。

本书紧扣标准、切合实际、图文并茂、通俗易懂，具有很强的指导性和操作性，使读者能够快速、准确、深入地掌握CAD绘制建筑施工图的方法与技巧。本书既可以作为建筑工程技术人员和CAD技术人员的参考书，也可以作为各大专、高职院校建筑、土木及相关专业师生或社会培训班的学习教材。

图书在版编目（CIP）数据

建筑CAD／沈莉主编．—2版．—北京：北京理工大学出版社，2022.12重印
ISBN 978-7-5682-7784-6

Ⅰ.①建… Ⅱ.①沈… Ⅲ.①建筑设计–计算机辅助设计–AutoCAD软件 Ⅳ.①TU201.4

中国版本图书馆CIP数据核字（2019）第239952号

出版发行／北京理工大学出版社有限责任公司
社　　　址／北京市海淀区中关村南大街5号
邮　　　编／100081
电　　　话／（010）68914775（总编室）
　　　　　　（010）82562903（教材售后服务热线）
　　　　　　（010）68944723（其他图书服务热线）
网　　　址／http://www.bitpress.com.cn
经　　　销／全国各地新华书店
印　　　刷／定州启航印刷有限公司
开　　　本／787毫米×1092毫米　1/16
印　　　张／16.5
字　　　数／380千字
版　　　次／2022年12月第2版第5次印刷
定　　　价／39.00元

责任编辑／张荣君
文案编辑／张荣君
责任校对／周瑞红
责任印制／边心超

图书出现印装质量问题，请拨打售后服务热线，本社负责调换

前言

FOREWORD

中望 CAD 软件是国内自主开发的通用计算机辅助绘图和设计软件,被广泛应用于制造业和工程设计各大领域,目前已成为工程设计领域应用最为广泛的计算机辅助设计软件之一。

本书根据中望 CAD 软件最新的建筑版编写,可完成建筑的方案设计、施工图设计等常规建筑设计工作,建筑常用的门、窗、墙、柱、阳台、楼梯、屋顶等建筑构件,都可以创建。同时,它直接采用 DWG 作为内部工作文件,与其他建筑 CAD 软件高度兼容,让图纸交互畅通无阻。

本书结合建筑制图和中望 CAD,以建筑设计实例为先导,按照建筑制图的规范和顺序,详细描述了从建筑总平面图、建筑平面图、建筑立面图、建筑剖面图到建筑详图的绘制命令和绘图技巧,以及三维建筑模型的绘制及最终绘制成果的打印输出方法等知识。

本书共分 10 章,各章之间紧密联系,前后呼应,每一章绘制一种图样,综合起来就构成一套比较完整的建筑施工图。

项目一:主要介绍计算机辅助技术在建筑工程中的应用

项目二:详细讲解建筑制图标准和中望 CAD 的基本操作方法

项目三:主要讲解运用中望 CAD 绘制建筑总平面图的步骤与方法

项目四:详细讲解运用中望 CAD 绘制建筑平面图的步骤与方法

项目五:详细讲解运用中望 CAD 绘制建筑立面图的步骤与方法

项目六:主要介绍运用中望 CAD 绘制剖面图的步骤与方法,以及查询图形信息的方法

项目七:主要介绍运用中望 CAD 绘制墙身节点详图和楼梯详图的步骤与方法

项目八:主要介绍文件的布图与图形的打印输出

项目九:主要介绍三维建筑模型的绘制方法

项目十:简单介绍其他中望建筑软件的应用

本书突破了以往 AutoCAD 书籍的写作模式,针对中望 CAD 在建筑领域中的实际应用,通过具有代表性的实例并按照建筑图纸的分类带领读者由浅入深、一步一步地掌握运用中

FOREWORD

望 CAD 进行各类建筑施工图的绘图方法和技巧。在每一章节中，均采用了实用案例式的讲解，将专业知识融于实践操作中，真正掌握技能，学以致用。

本书内容丰富、结构清晰、语言简练、实例丰富，叙述深入浅出，具有很强的实用性、可操作性，能帮助读者在较短时间内快速掌握使用中望 CAD 绘制各种建筑施工图实例的应用技巧。

本书由扬州高等职业技术学校沈莉担任主编，由扬州高等职业技术学校卞素兰、扬州大学工程设计研究院李新兵担任副主编，参与编写还有扬州市勘测设计研究院有限公司洪继龙。本书由南京高等职业技术学校徐明刚博士担任主审，他对本书的编写提出了宝贵的意见和建议，在此，一并深表谢意！

本书既可以作为建筑工程技术人员和 CAD 技术人员的参考书，也可以作为各大中专院校建筑、土木及相关专业师生或社会培训班的学习教材。

由于编者水平有限，加之时间较为仓促，书中难免有疏漏和不足之处，敬请广大读者和同仁及时指出，共同促进本书质量的提高。

编　者

目 录

CONTENTS

计算机辅助技术在建筑工程中的应用

项目导读

在以知识经济为核心的信息时代，计算机科学技术已在全世界被公认为是本世纪最主要和最核心的科学技术，它已渗透到社会生活的各个方面，影响和改变着人类的思维模式和行为模式。在经济全球化和人类越来越重视可持续发展的形势下，现代建筑中日益复杂的精神、物质与功能需求，迫使建筑设计向严密化、科学化方面进化，无论是内容还是形式、手段还是技巧，传统的建筑设计方法都已不能适应信息时代的需求。

计算机辅助技术是一门综合了计算机技术与工程设计方法的技术，是利用计算机及其外围设备帮助人们进行工程设计的技术，它的实质是对设计信息的产生、加工、转换、存储和输出进行管理和控制。随着计算机辅助设计(CAD)技术的不断发展，在建筑设计中运用计算机绘图和出图已成为设计工作的基本要求。设计单位的建筑设计工作，可以分为方案设计与施工图绘制两个过程，在手工绘图时代，绘图过程耗费了设计人员大部分时间，在有限的设计时间内自然挤占了方案构思的时间；而结构设计工作，由于各种计算机软件的应用，也使结构设计人员从繁重的结构计算中解放出来，把更多的精力投入到更重要的结构方案构思工作中去。从建设单位的角度来讲，通过 CAD 技术的应用，可以得到比手工绘图更美观、整洁、准确、规范化的图纸；从设计师的角度来讲，CAD 技术提供了很多方便，节省了大量的时间，尤其是重复劳动的时间，再加上在电脑中作图的可更改性，比手工绘图方便了很多，极大地提高了设计人员的工作效率。

学习目标

- 掌握中望 CAD 的简介、功能与分类。
- 了解 BIM 技术的由来与简介。
- 了解 BIM 技术的核心与应用。

任务一 中望 CAD 简介

任务引入

相比过去烦琐的手工绘图,计算机的普遍应用给建筑设计带来了革新,各种各样的计算机辅助技术层出不穷,其中,中望 CAD 在国内的应用最为广泛普遍,主要应用于土木建筑、装饰装潢、城市规划、园林设计、机械设计等诸多领域。

计算机辅助设计(Computer Aided Design,CAD)指利用计算机及其图形设备帮助设计人员进行设计工作。在设计中通常要用计算机对不同方案进行大量的计算、分析和比较,以决定最优方案;各种设计信息,不论是数字的、文字的或图形的,都能存放在计算机的内存或外存里,并能快速地检索;设计人员通常用草图开始设计,将草图变为工作图的繁重工作可以交给计算机完成;由计算机自动产生的设计结果,可以快速作出图形,使设计人员及时对设计做出判断和修改;利用计算机可以进行与图形的编辑、放大、缩小、平移、复制和旋转等有关的图形数据加工工作。掌握 CAD 的使用,是建筑专业学生入门的基本技能。

相关知识

一、CAD 发展历程

CAD 诞生于 20 世纪 60 年代,是美国麻省理工学院提出的交互式图形学的研究计划,由于当时硬件设施昂贵,只有美国通用汽车公司和美国波音航空公司使用自行开发的交互式绘图系统。

20 世纪 70 年代,小型计算机费用下降,美国工业界才开始广泛使用交互式绘图系统。

20 世纪 80 年代,由于 PC 的应用,CAD 得以迅速发展,出现了专门从事 CAD 系统开发的公司。当时 VersaCAD 是专业的 CAD 制作公司,所开发的 CAD 软件功能强大,但由于其价格昂贵,故得不到普遍应用。而当时的 Autodesk 公司(美国电脑软件公司)是一个仅有员工数人的小公司,其开发的 CAD 系统虽然功能有限,但因其可免费拷贝,故在社会得以广泛应用。同时,由于该系统的开放性,该 CAD 软件升级迅速。

设计者很早就开始使用计算机进行计算。有人认为 Ivan Sutherland(伊凡·萨瑟兰郡)在 1963 年在麻省理工学院开发的 Sketchpad(画板)是一个转折点。Sketchpad 的突出特性使它允许设计者用图形方式和计算机交互:设计可以用一枝光笔在阴极射线管屏幕上绘制到计算机里。实际上,这就是图形化用户界面的原型,而这种界面是现代 CAD 不可或缺的特性。

CAD 最早的应用是在汽车制造、航空航天以及电子工业的大公司中。随着计算机的普及，CAD 应用范围也逐渐变广。

CAD 的实现技术从那个时候起经过了许多演变。这个领域起步时主要被用于产生和手绘的图纸相仿的图纸。计算机技术的发展使得计算机在设计活动中得到更有技巧的应用。如今，CAD 已经不仅仅用于绘图和显示，它开始进入设计者的专业知识中更"智能"的部分。

随着计算机科技的日益发展，性能的提升和更便宜的价格，许多公司已采用立体的绘图设计。以往碍于计算机性能的限制，绘图软件只能停留在平面设计，欠缺真实感，而立体绘图则冲破了这一限制，令设计蓝图更实体化，3D 图纸绘制也能够表达出 2D 图纸无法绘制的曲面，能够更充分表达设计师的意图。

二、CAD 功能

CAD 就是计算机辅助设计，它是计算机科学技术发展和应用中的一门重要技术。所谓 CAD 技术，就是利用计算机快速的数值计算和强大的图文处理功能来辅助工程师、设计师、建筑师等工程技术人员进行产品设计、工程绘图和数据管理的一门计算机应用技术，如制作模型、计算、绘图等。

计算机辅助设计对提高设计质量，加快设计速度，节省人力与时间，提高设计工作的自动化程度具有十分重要的意义。现在，它已成为工厂、企业和科研部门提高技术创新能力，加快产品开发速度，促进自身快速发展的一项必不可少的关键技术。

计算机辅助设计过程：CAD 技术是集计算、设计绘图、工程信息管理、网络通信等计算机及其他领域知识于一体的高新技术，是先进制造技术的重要组成部分。其显著特点是：提高设计的自动化程序和质量，缩短产品开发周期，降低生产成本费用，促进科技成果转化，提高劳动生产效率，提高技术创新能力。可见，CAD 对工业生产、工程设计、机器制造、科学研究等诸多领域的技术进步和快速发展产生了巨大影响。

三、CAD 范畴

CAD 是一个涵盖范围很广的概念。概括来说，CAD 的设计对象最初包括两大类：一类是机械、电子、汽车、航天、轻工和纺织产品等；另一类是工程设计产品等，如工程建筑。如今，CAD 技术的应用范围已经延伸到诸如艺术等各行各业，如电影、动画、广告、娱乐和多媒体仿真(如模拟霜冻植被受损的过程)等都属于 CAD 范畴。

CAD 在机械制造行业的应用最早，也最为广泛。采用 CAD 技术进行产品设计不但可以使设计人员甩掉图板，更新传统的设计思想，实现设计自动化，降低产品的成本，提高企业及其产品在市场上的竞争能力；还可以使企业由原来的串行式作业转变为并行作业，建立一种全新的设计和生产技术管理体制，缩短产品的开发周期，提高劳动生产率。如今，世界各大航空、航天及汽车等制造业巨头不但广泛采用 CAD/CAM 技术进行产品设计，而且投入大量的人力、物力及资金进行 CAD/CAM 软件的开发，以保持自己技术上的领先地位和国际市场上的优势。

CAD 在建筑方面的应用——计算机辅助建筑设计(CAAD)，为建筑设计带来了一场真正的革命。随着 CAD 软件从最初的二维通用绘图软件发展到如今的三维建筑模型软件，CAD 技术已开始被广泛采用，这不但可以提高设计质量，缩短工程周期，还可以节约 2%~5% 的建设投资，而近几年来，每年仅在我国的基本建设投资就有几千亿元之多，如果全国近万个大小工程设计单位都采用 CAD 技术，则可以大大提高基本建设的投资效益。

四、软件分类

在不同的行业中，欧特克(Autodesk)公司以及国内一些公司开发了一些基于 CAD 通用版本的插件，例如中望系列、浩辰系列、天正系列，大大增强了 CAD 的易用性。

在机械设计与制造行业中有 AutoCAD Mechanical 版本和浩辰机械软件、中望 CAD 机械版。

在建筑设计行业中有浩辰建筑、中望建筑和天正建筑。

在电子电路设计行业中有 AutoCAD Electrical 版本和浩辰电气软件。

在勘测、土方工程与道路设计行业中发行了 Autodesk Civil 3D 版本。

在学校里教学、培训中所用的一般都是 AutoCAD、浩辰 CAD 教育版或中望 CAD。

五、CAD 在建筑工程中的应用

在建筑工程行业中，CAD 技术是发展最快的技术之一。在建筑、结构、桥梁、管线、水渠、大坝、小区规划、室内装潢等方面都应用了 CAD 技术。

(1)建筑设计：包括方案设计、三维造型、建筑渲染图设计、平面布景、建筑构造设计、小区规划等。

(2)结构设计：包括有限元分析、结构平面设计、框架结构计算和分析、高层结构分析、地基及基础设计、钢结构设计等。

(3)设备设计：包括水、电、暖等各种设备及管道设计。

(4)城市规划、城市交通设计：包括城市道路、高架、轻轨、地铁等市政工程设计。

(5)市政管线设计：包括自来水、污水排放、煤气、电力、暖气、通信等各类市政管道线路设计。

随着 CAD 技术、多媒体技术、虚拟显示技术的发展，建筑工程行业中计算机的应用也必然会得到进一步的发展。

任务二　BIM 技术简介

任务引入

建筑业是中国国民经济的支柱产业，每年完成的工程量居世界之首，然而相比其他行业，建筑业效率相对低下。随着工程建设规模日趋增大，项目参与方日趋增多，在设计与施工过程中，跨越专业、地域、参与方及项目阶段的协同工作变得越来越重要，信息交流与信息管理成为项目的关键因素。采用传统的阶段式项目管理方式以及基于 2D 图纸的信息交流，经常导致信息丢失、滞后和传递错误，导致项目产生进度风险和大量浪费，这些问题引发了人们在两个方向上的研究与探索：一是从阶段式项目管理转向建设项目全生命周期管理（Building Lifecycle Management，BLM）的研究，从项目全生命周期视角研究信息交流的需求与信息管理方法，目前，BLM 理论与方法日趋成熟，已被工程管理实践广泛接受；二是借鉴制造业的先进管理理念和技术，研究建筑信息模型（Building Information Modeling，BIM）在设计、施工与设施管理过程中的应用，BIM 技术已在全球建筑工程及设施管理领域（Architecture/Engineering/Construction/Operation，AECO）受到广泛重视，BIM 不仅仅是一种技术变革，同时还是一种商业流程的变革，BIM 正推动建设项目向集成化交付模式发展。

BIM 技术贯穿在建筑整个生命周期中，使设计数据、建造信息，维护信息等大量信息保存在 BIM 中，在建筑整个生命周期中得以重复、便捷的使用。了解 BIM 的由来及作用，甚至掌握其使用，对建筑技能的提升大有裨益。

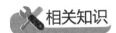

相关知识

一、BIM 概念

BIM 是 Building Information Modeling 的简称，多年来，BIM 的含义一直在扩展中，业界对这一术语的解释或定义也出现了多个版本。麦克格劳. 希尔公司在其名为《BIM 的商业价值》的市场调研报告中认为："BIM 是利用数字模型对项目进行设计、施工和运营的过程"。BIM 之父 Eastman（2008）认为："一方面，BIM 是关联生产、通信、模型分析的关系集合与建模技术，BIM 是一个动词，通过数字化、机器可读文档描述建筑的工具、流程和技术，描述它的性能、计划、施工和运营。另一方面，BIM 是建模活动的结果，可以解释成数字化的、机器可读的建筑记录"。Hardin（2009）则从人们所感知到的 BIM 与 CAD 的不同之处给出这样的解释："很多人相信一旦他们购买了一个具有特定功能的 BIM 软件，他们就可以让一个人坐在计算机前使用这些软件，他们就是在做 BIM，尽管 BIM 不仅仅意味着用 3D 建模软件，还是在使用一种新的思维方式，但很多人并未达到这种认知高度（具体形象比较如图 1-1 所示，展现 BIM 与 CAD 不同之处）。基于实践的经验，当一个公司将这些技术集成时，开始发现其他的过程发生变化了，某些曾经让人感到 CAD 技术很完美的过程，现在不再那么有效了。随着技术的变化，人们使用技术的实践和功能也在发生变化"。美国国家 BIM 标准 NBIMS V2 则给出了比较完整的定义："BIM 是一个设施（建设项目）物理和功能特性的数字表达；BIM 是一个共享的知识资源，是一个分享有关设施的信息，为该设施从概念到拆除的全生命周期中的所有决策提供可靠依据的过程；在项目不同阶段，不同利益相关方通过在 BIM 中插入、提取、更新和修改信息，以支持和反映其各自职责的协同作业"。

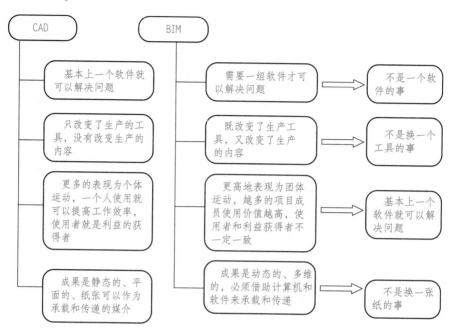

图 1-1 BIM 与 CAD 不同之处

因此,一个完整的 BIM 模型可以连接项目从设计、施工到运营不同阶段的资源数据和过程,可被项目各个参与方使用,如图 1-2 所示。简单的说,BIM 并不仅仅局限于三维几何空间,而是对空间内所有几何体的形状、属性,甚至是价格、施工进度、所属厂家等进行了描述,直观且共享。

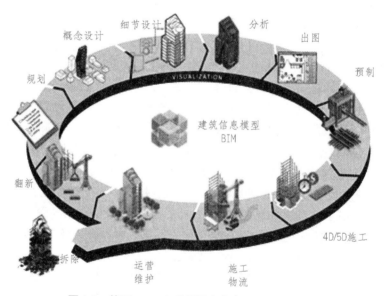

图 1-2 基于 BIM 实现项目全生命周期信息传递

○ 二、BIM 的主要特征

（1）参数化建模。参数化建模是 BIM 逐渐从 CAD 中脱颖而出的鲜明特征，得益于软件领域的面向对象技术，以模型参数驱动 3D 模型的生成成为 3D 建模的主流方向。随着该技术的发展，能够驱动模型生成的参数不再局限于几何参数和拓扑参数，已经扩展到材料、性能、行为等属于拟建对象的属性，建模软件由几何特征处理工具上升到知识处理工具。参数化建模的另一个发展方向是由固定的参数向变量化方向发展。对于复杂的曲面模型，如果使用离散化的数值型参数驱动模型将使得数据的输入非常困难，变量化建模则要求用户通过脚本编制设定曲线或曲面方程、变量以及取值边界，将脚本输入建模软件后，建模软件首先解析方程获得曲线或曲面的变量值，然后驱动模型构建器生成模型，这种方法极大地解放了模型的表现能力，通过改变方程的参数，可以产生形状变化幅度较大的曲面，这种能力将改变复杂建筑创作的工作方式。

（2）可视化。在建筑工程领域，可视化一词或许首先让人想到的是经渲染和后处理过的效果图，效果图是建筑设计可视化的一种应用，但是，我们所说的 BIM 可视化却具有更多含义。首先，BIM 可视化是去掉了艺术夸张处理的真实建筑空间展现，它将严格按照拟建工程或实物的空间尺寸和构件属性展示建模结果，在可建模的精度范围内，不回避模型空间上的任何设计缺陷，因此，BIM 可视化的主要作用之一就是暴露工程设计（含施工组织设计）的诸多潜在问题，包括：业主的建设需求矛盾、建筑师的建筑创作构思缺陷、各种专业对象之间的空间冲突、施工技术设计不当等问题。从维度上，可视化从 3D、4D 到 5D 的递增过程，反映了 BIM 研究与实践者们探索 BIM 应用价值的过程。同时，BIM 可视化也是将人们对 BIM 的认知从一种新技术扩展到项目组织流程革新的主要因素。

（3）数据互用性。BIM 之所以区别于 CAD，在技术层面表现为 BIM 对应用系统或软件之间的数据互用能力要求明显高于 CAD。我们可以认为，CAD 软件的操作者、数据使用者均为工程设计人员，而且多数的 CAD 软件可以在单个专业内完成数据输入、加工处理、数据输出的全过程，并在设计阶段完成其使命。相比之下，BIM 数据将在项目整个生命期内不断积累和完善，其使用者包括设计方、咨询方、施工方、业主，BIM 数据使用的目的包括辅助决策、辅助设计、辅助施工和辅助设施管理，在这样宽广的领域中应用，要求 BIM 数据具备支持多种应用软件和系统的能力。显然，一对一的文件传输方式仅能支持两种软件之间的数据交换。当有更多软件需要加入到数据交换行列中时，由于软件可能由不同开发商提供、应用于不同的领域、具有不同的数据输入与输出要求等因素，软件之间的私有接口协议在多种软件之间很难达成。支持 BIM 数据互用的理想方式是 BIM 数据具有公开、公认的内容和交换格式，由 Building SMART 开发并维护的工业基础类 IFC 就是一种开放式的 BIM 数据交换格式，IFC 是由国际标准组织 ISO 采纳的国际数据交换标准，尽管目前 IFC 在实际应用中还存在一些问题，但是，这样一种对 BIM 数据互用性的支持方式是值得肯定的。有调研显示，目前，BIM 应用对数据互用能力的需求越来越突出，是在技术层面需要解决的重要问题。

BIM 作为一种创新的工具与生产方式，是信息化技术在建筑业的直接应用，自 2002 年被提出后，已在欧美等发达国家引发了建筑业的巨大变革。BIM 技术通过建立数字化的参数模型，涵盖了建设项目的设计、施工、运营等整个生命周期的信息，在保证生产质量、提高生产效率、节约成本、缩短工期等方面发挥了巨大的优势作用。虽然我国的 BIM 应用主要还是在设计阶段，并且在施工单位的应用也较少，但这不能阻止 BIM 在施工企业快速发展的强大趋势。

2011 年 5 月住房和城乡建设部发布的《2011—2015 年建筑业信息化发展纲要》(简称《纲要》)中明确指出："十二五"期间，基本实现建筑企业信息系统的普及应用，加快建筑信息模型(BIM)、基于网络的协同工作等新技术在工程中的应用，推动信息化标准建设，促进具有自主知识产权软件的产业化，形成一批信息技术应用达到国际先进水平的建筑企业。加快推广 BIM、协同设计、虚拟现实、4D 项目管理、移动通信、无线射频等技术在勘察设计、施工和工程项目管理中的应用，改进传统的生产与管理模式，提升企业的生产效率和管理水平。在施工阶段开展 BIM 技术的研究与应用，推进 BIM 技术从设计阶段向施工阶段的应用延伸，降低信息传递过程中的衰减。研究基于 BIM 技术的 4D 项目管理信息系统在大型复杂工程施工过程中的应用，实现对建筑工程有效的可视化管理。可以说，《纲要》的颁布拉开了 BIM 技术在我国建筑项目管理各个阶段全面推进的序幕。

2014 年 2 月 8 日，住房和城乡建设部工程质量安全监管司要求应用 BIM。强化技术引导和创新，制定了推动 BIM 技术应用的指导意见和勘察设计专有技术指导意见，研究制定建筑产业现代化发展《纲要》，促进行业发展模式的转变。

建筑施工图绘制准备工作

项目导读

　　建筑施工图是表达建筑工程设计意图的重要手段，为使工程技术人员或建筑工人都能看懂建筑工程图，用图纸进行交流表达技术思想，并使建筑施工图符合设计、施工、存档等要求，保证图面质量，以适应建筑工程建设的需要，涵盖了有关图纸幅面、图线、字体、比例及尺寸标注等内容。掌握建筑制图标准是绘制施工图的前提。

　　本章将介绍建筑制图标准和中望 CAD 的基本使用操作方法，包括软件的启动、界面、命令执行方式、绘图环境的设置等内容。

学习目标

- 掌握建筑制图基本标准。
- 了解线条的运用、工程字书写要领及尺寸标注基本要求。
- 了解中望 CAD 软件工作界面与绘图环境设置。
- 掌握中望 CAD 命令执行方式和坐标系统。

任务一　建筑制图标准

任务引入

　　根据建筑平面例图(图 2-1)认识图纸的组成及每个组成的具体规定。

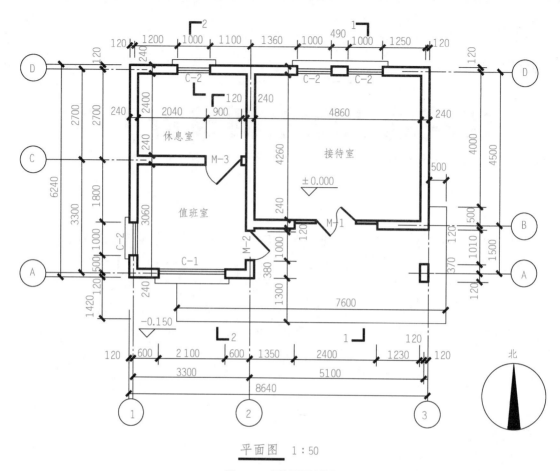

平面图 1:50

图 2-1 建筑平面例图

相关知识

一、图纸幅面规格

图纸幅面的基本尺寸规格有 5 种，其代号分别为 A0、A1、A2、A3 和 A4。各号图纸幅面尺寸的具体规定见表 2-1 和图 2-2~图 2-5。

表 2-1 图纸幅面尺寸
mm

尺寸代号 \ 幅面代号	A0	A1	A2	A3	A4
$b \times l$	841×1 189	594×841	420×594	297×420	210×297
c	10			5	
a	25				

注：1. b 和 l 分别代表图幅长边和短边的尺寸，其短边与长边之比为 $1:\sqrt{2}$。

2. a 和 c 分别表示图框线到图纸边线的距离。

由表 2-1 可知，A0 的幅面尺寸为 841 mm×1 189 mm，由 A0 基本幅面对拆裁开的次数就是所得图纸的幅面代号数，这些基本幅面间的尺寸关系如图 2-2 所示。

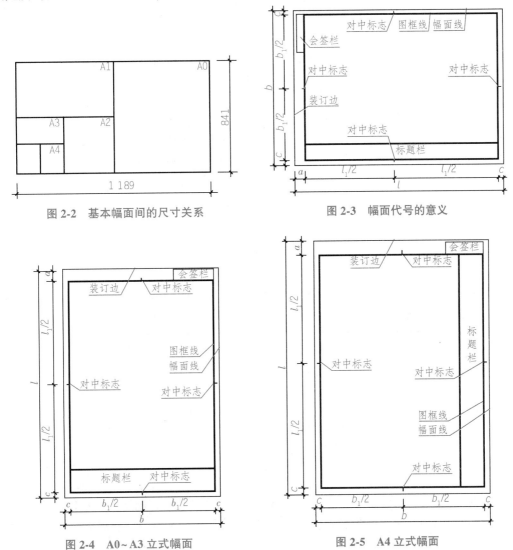

图 2-2　基本幅面间的尺寸关系　　　　　　图 2-3　幅面代号的意义

图 2-4　A0～A3 立式幅面　　　　　　图 2-5　A4 立式幅面

使用图纸时，以短边作垂直边称为横式，以短边作水平边称为立式，一般 A1～A3 图纸宜用横式。必要时，也可立式使用。

必要时图纸幅面的长边可按表 2-2 加长，短边不得加长。特殊情况下，还可以使用 b×l 为 841 mm×891 mm、1 189 mm×1 261 mm 的图幅。

表 2-2　图纸幅面的加长　　　　　　　　　　　　　mm

幅面代号	长边代号	长边加长后的尺寸			
A0	1 189	1 486（A0+1/4*l*）	1 635（A0+3/8*l*）	1 783（A0+1/2*l*）	1 932（A0+5/8*l*）
		2 080（A0+3/4*l*）	2 230（A0+7/8*l*）	2 378（A0+*l*）	

续表

幅面代号	长边代号	长边加长后的尺寸
A1	841	1 051(A1+1/4*l*) 1 261(A1+1/2*l*) 1 471(A1+3/4*l*) 1 682(A1+*l*) 1 892(A1+5/4*l*) 2 102(A1+3/2*l*)
A2	594	743(A2+1/4*l*) 892(A2+1/2*l*) 1 041(A2+3/4*l*) 1 189(A2+*l*) 1 338(A2+5/4*l*) 1 486(A2+3/2*l*) 1 635(A2+7/4*l*) 1 783(A2+2*l*) 1 932(A2+9/4*l*) 2 080(A2+5/2*l*)
A3	420	630(A3+1/2*l*) 841(A3+*l*) 1 051(A3+3/2*l*) 1 261(A3+2*l*) 1 471(A3+5/2*l*) 1 682(A3+3*l*) 1 892(A3+7/2*l*)
注：有特殊需要的图纸，可采用 *b*×*l* 为 841 mm×891 mm 与 1 189 mm×1 261 mm 的幅面。			

二、标题栏与会签栏

(一)标题栏

每张图纸都应在图框的右下角设有标题栏，简称图标。标题栏的长边应为 240 mm、200 mm，短边尺寸宜为 30 mm、40 mm。标题栏应按图 2-6 分区。

图 2-6 标题栏

标题栏的签字区应包含实名列和签名列，签字区由设计人、制图人、审核、审批人等签字。横式使用图纸时，应按图 2-3 形式布置；立式使用图纸时，应按图 2-4、图 2-5 形式布置。

(二)会签栏

需要各相关工种负责人会签的图纸，还在图框外的左上角或右上角设有会签栏，其尺寸应为 100 mm×20 mm，栏内应填写会签人员所代表的专业、姓名、日期(年、月、日)等，其格式如图 2-7 所示。

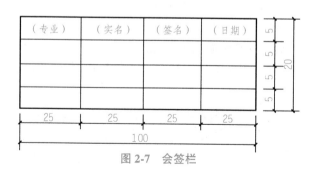

图 2-7 会签栏

三、图线

工程图样主要是采用不同线型和线宽的图线来表达不同的设计内容。图线是构成图样的基本元素。因此，熟悉图线的类型及用途，掌握各类图线的画法是建筑制图最基本的技术。

(一)图线的分类与用途

建筑工程图中的线型有实线、虚线、单点长画线、双点长画线、折断线和波浪线等，其中有些线型还分粗、中、细三种，为了表达工程图样的不同内容，并使图中主次分明，必须采用不同的线型、线宽来表示。各种图线的线型、线宽及用途见表2-3。

表2-3 图线

名称		线型	线宽	一般用途
实线	粗		b	主要可见轮廓线
	中粗		$0.7b$	可见轮廓线
	中		$0.5b$	可见轮廓线、尺寸线、变更云线
	细		$0.25b$	图例填充线、家具线
虚线	粗		b	见各有关专业制图标准
	中粗		$0.7b$	不可见轮廓线
	中		$0.5b$	不可见轮廓线、图例线
	细		$0.25b$	图例填充线、家具线
单点长画线	粗		b	见各有关专业制图标准
	中粗		$0.5b$	见各有关专业制图标准
	细		$0.25b$	中心线、对称线、轴线等
双点长画线	粗		b	见各有关专业制图标准
	中		$0.5b$	见各有关专业制图标准
	细		$0.25b$	假想轮廓线、成型前原始轮廓线
折断线	细		$0.25b$	断开界限
波浪线	细		$0.25b$	断开界限

(二)图线画法

1. 线宽选择

表示不同内容的图线，应在下列线宽系列中选取。

(1)画图时，每个图样应根据复杂程度与比例大小，先确定粗线宽 b，由此再确定中粗线的宽度。粗、中、细线成一组，称为线宽组，可参照表2-4选用适当的线宽组。

表 2-4 线宽组

线宽比	线宽组			
b	1.4	1.0	0.7	0.5
$0.7b$	1.0	0.7	0.5	0.35
$0.5b$	0.7	0.5	0.35	0.25
$0.25b$	0.35	0.25	0.18	0.13

注：1. 需要缩微的图纸，不宜采用0.18及更细的线宽。

2. 同一张图纸内，各不同线宽中的细线，可统一采用较细的线宽组的细线。

（2）图框线、标题栏线的线宽选择见表2-5。

表 2-5 图框线、标题栏线的线宽

幅面代号	图框线	标题栏外框线	标题栏分格线
A0、A1	b	$0.5b$	$0.25b$
A2、A3、A4	b	$0.7b$	$0.35b$

2. 绘制要求

（1）在绘图时，相互平行的两条线，其间隙不宜小于图内粗线的宽度，且不宜小于0.7 mm。虚线、点画线的线段长度和间隔，宜各自相等。

（2）虚线与虚线相交或虚线与其他图线相交时，应交于线段处。点画线与点画线相交或点画线与其他图线相交时，也应交于线段处。

（3）虚线在实线的延长线上时，不得与实线相连接。

（4）点画线在较小图形中绘制有困难时，可用实线代替。

（5）图纸不得与文字、数字或符号等重叠、混淆，不可避免时，应首先保证文字等的清晰。

3. 图线绘制示例

图线绘制示例如图2-8所示。

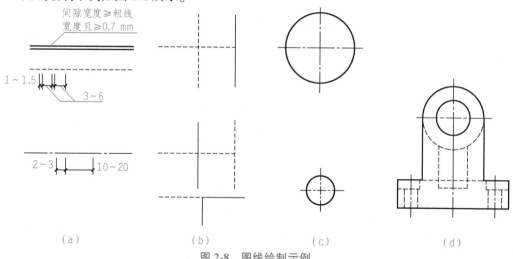

图 2-8 图线绘制示例

四、字体

用图线绘成图样，须用文字及数字加以注解，表明其大小尺寸、有关材料、构造做法、施工要点及标题。

建筑工程图样中的字体有汉字、拉丁字母、阿拉伯数字、符号、代号等，图样中的字体应笔画清晰、字体端正、排列整齐、间隔均匀。如果图样上的文字和数字写得潦草难以辨认，不仅影响图纸的清晰和美观，而且容易造成差错，造成工程损失。

文字的字高，应从如下系列中选用：3.5、5、7、10、14、20(mm)。

(一)汉字

图样及说明中的汉字，宜采用长仿宋体，宽度与高度的关系应符合表 2-6 的规定。大标题、图册封面、地形图等的汉字，也可书写成其他字体，但应易于辨认。

表 2-6　长仿宋体字高宽关系表　　　　　　　　　　　　　　　　mm

字高	20	14	10	7	5	3.5
字宽	14	10	7	5	3.5	2.5

汉字的简化字书写，必须符合国务院公布的《汉字简化方案》和有关规定。

长仿宋体字的书写要领是：横平竖直、起落分明、笔锋满格、结构匀称，其书写方法如图 2-9 所示。

10号

排列整齐字体端正笔画清晰注意起落

7号

字体基本上是横平竖直结构匀称写字前先画好格子

5号

阿拉伯数字拉丁字母罗马数字和汉字并列书写时它们的字高比汉字高小

3.5号

剖侧切截断面轴测示意主俯仰前后左右视向东西南北中心内外高低顶底长宽厚尺寸分厘毫米矩方

图 2-9　长仿宋体字示例

长仿宋体字书写时应注意起落，横、竖的起笔和收笔，撇、钩的起笔，钩折的转角等，都要顿一下笔，形成小三角和出现字肩。几种基本笔画的写法见表 2-7。

表2-7 长仿宋体字基本笔画示例

名称	横	竖	撇	捺	提	点	钩
形状	一	丨	丿	㇏	㇀	㇔	㇚
笔法	一	丨	丿	㇏	㇀	㇔	㇚

（二）数字和字母

拉丁字母、阿拉伯数字与罗马数字，如需写成斜体字，其斜度应从字的底线逆时针向上倾斜75°。斜体字的高度和宽度应与相应的直体字相同。拉丁字母、阿拉伯数字与罗马数字的书写与排列，应符合表2-8的规定。

表2-8 拉丁字母、阿拉伯数字与罗马数字的书写规则

书写格式	一般字体	窄字体
大写字母高度	h	h
小写字母高度（上下均无延伸）	$7/10h$	$10/14h$
小写字母伸出的头部或尾部	$3/10h$	$4/14h$
笔画宽度	$1/10h$	$1/14h$
字母间距	$2/10h$	$2/14h$
上下行基准线最小间距	$15/10h$	$21/14h$
词间距	$6/10h$	$6/14h$

拉丁字母、阿拉伯数字与罗马数字的字高，应不小于2 mm；数量的数值注写，应采用正体阿拉伯数字。各种计量单位凡前面有量值的，均应采用国家颁布的单位符号注写。单位符号应采用正体字母；分数、百分数和比例数的注写，应采用阿拉伯数字和数学符号。

拉丁字母、阿拉伯数字与罗马数字的书写法如图2-10所示。

图2-10 拉丁字母、阿拉伯数字与罗马数字的书写示例

五、比例

图样比例是指图形与实物相对应的线性尺寸之比，它是线段之比而不是面积之比，即

$$比例 = \frac{图形画出的长度（图距）}{实物相应部位的长度（实距）}$$

图样比例的作用是为了将建筑结构和装饰结构不变形地缩小或放大在图纸上。比例的符号为"："，比例应用阿拉伯数字表示，如 1：1、1：2、1：10 等。

比例的注写方法如图 2-11 所示。

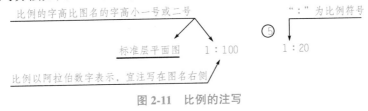

图 2-11　比例的注写

绘图所用的比例，应根据图样的用途与被绘对象的复杂程度，从表 2-9 中选用，并优先用表中常用比例。

表 2-9　建筑施工图所用比例

图　名	常用比例	必要时可用比例
总平面图	1：500，1：1 000，1：2 000	1：300，1：400，1：600，1：5 000，1：10 000，1：20 000，1：50 000，1：100 000，1：200 000
平面图、立面图、剖面图	1：50，1：100，1：150，1：200	1：60，1：80，1：250，1：300
详　图	1：1，1：2，1：5，1：10，1：20，1：30，1：50	1：3，1：4，1：6，1：15，1：25，1：30，1：40，1：60

一般情况下，一个图样应选用一种比例。根据专业制图需要，同一图样可选用两种比例。特殊情况下也可自选比例，这时除应注出绘图比例外，还必须在适当位置绘制出相应的比例尺。

六、尺寸标注

工程图样中的图形只表达建筑物及建筑装饰物的形状，其大小还需要通过尺寸标注来表示。图样尺寸是施工的重要依据，尺寸标注必须准确无误、字体清晰，不得有遗漏，否则会给施工造成很大的损失。

（一）尺寸的组成

尺寸由尺寸界限、尺寸线、尺寸起止符号和尺寸数字四部分组成，如图 2-12 所示。

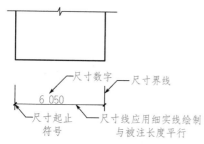

图 2-12 尺寸的组成

1. 尺寸界线

尺寸界线表示所要标注轮廓线的范围，应用细实线绘制，一般应与被注长度垂直，其一端应离开图样轮廓线不小于 2 mm，另一端宜超出尺寸线 2~3 mm。图样轮廓线可用作尺寸界线。

2. 尺寸线

尺寸线表示所要标注轮廓线的方向，用细实线绘制，与被注长度平行，与尺寸界限垂直。图样本身的任何图线均不得用作尺寸线。

3. 尺寸起止符号

尺寸起止符号是尺寸的起点和止点，建筑工程图样中的起止符号一般用中粗斜短线绘制，长度宜为 2~3 mm，其倾斜方向应与尺寸界线成顺时针 45° 角，如图 2-13 所示。半径、直径、角度和弧长的尺寸起止符号，宜用箭头表示，如图 2-14 所示。

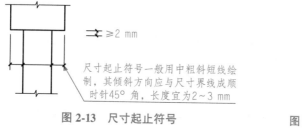

图 2-13 尺寸起止符号

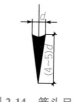

图 2-14 箭头尺寸
起止符号

4. 尺寸数字

建筑工程图样中的尺寸数字表示的是建筑物或建筑装饰物的实际大小，与所绘图样的比例和精确度无关。图样上的尺寸，应以尺寸数字为准，不得从图上直接量取。图样上的尺寸单位，除标高及总平面以米为单位外，其他必须以毫米为单位。尺寸数字的方向，应按图 2-15(a)的规定注写。若尺寸数字在 30° 斜线区内，宜按图 2-15(b)的形式注写。

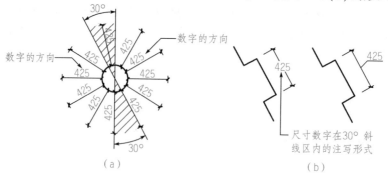

图 2-15 尺寸数字的注写方向

尺寸数字一般应依据其方向注写在靠近尺寸线的上方中部。如没有足够的注写位置，最外边的尺寸数字可注写在尺寸界线的外侧，中间相邻的尺寸数字可错开注写(图 2-16)。

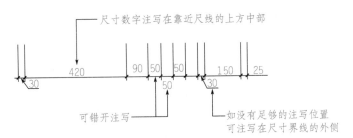

图 2-16　尺寸数字的注写位置

(二)尺寸的排列与布置

尺寸宜标注在图样轮廓线以外，不宜与图线、文字及符号等相交，如图 2-17 所示。

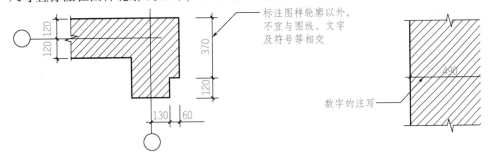

图 2-17　尺寸数字的注写

互相平行的尺寸线，应从被注写的图样轮廓线由近向远整齐排列，较小尺寸应距离轮廓线较近，较大尺寸应距离轮廓线较远。图样轮廓线以外的尺寸界线，与图样最外轮廓之间的距离，不宜小于 10 mm。平行排列的尺寸线的间距，宜为 7～10 mm 并应保持一致。总尺寸的尺寸界线应靠近所指部位，中间的分尺寸的尺寸界线可稍短，但其长度应相等，如图 2-18 所示。

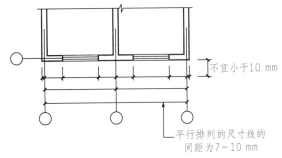

图 2-18　互相平行的尺寸线的注写

(三)圆、球的尺寸标注

1. 直径、半径的标注

圆、球体的尺寸标注，通常标注其直径和半径，半径的尺寸线应一端从圆心开始，另一端画箭头指向圆弧。半径数字前应加注半径符号"R"；标注圆的直径尺寸时，直径数字前应加直径符号"ϕ"。在圆内标注的尺寸线应通过圆心，两端画箭头指至圆弧。较小圆的直径尺寸，可标注在圆外。

标注球的半径尺寸时，应在尺寸前加注符号"*SR*"；标注球的直径尺寸时，应在尺寸数字前加注符号"*Sϕ*"。注写方法与圆弧半径和圆直径的尺寸标注方法相同。圆、球的半径、直径的标注方法如图 2-19~图 2-23 所示。

图 2-19　圆的半径标注方法

图 2-20　较小圆的半径标注方法

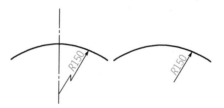

图 2-21　较大圆的半径标注方法

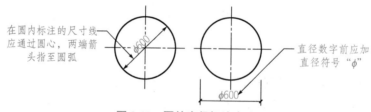

图 2-22　圆的直径标注方法

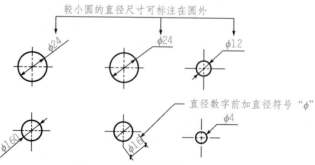

图 2-23　较小圆的直径标注方法

2. 角度、弧长、弦长的标注

角度的尺寸线应以圆弧表示。该圆弧的圆心应是该角的顶点，角的两条边为尺寸界线。起止符号应以箭头表示。如没有足够位置画箭头，可用圆点代替，角度数字应按水平方向注写（图2-24）。

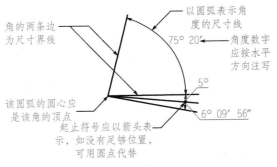

图2-24 角度的标注方法

标注圆弧的弧长时，尺寸线应以与该圆弧同心的圆弧线表示，尺寸界线应垂直于该圆弧的弦，起止符号用箭头表示，弧长数字上方应加注圆弧符号（图2-25）。

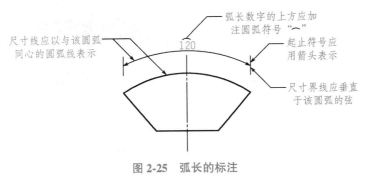

图2-25 弧长的标注

标注圆弧的弦长时，尺寸线应以平行于该弦的直线表示，尺寸界线应垂直于该弦，起止符号用中粗斜短线表示（图2-26）。

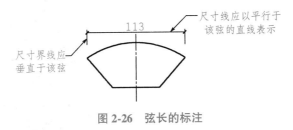

图2-26 弦长的标注

(四)其他尺寸标注

其他尺寸标注方法见表2-10。

表 2-10　其他尺寸标注示例

项　目	标注示例	说　明
薄板厚度标注	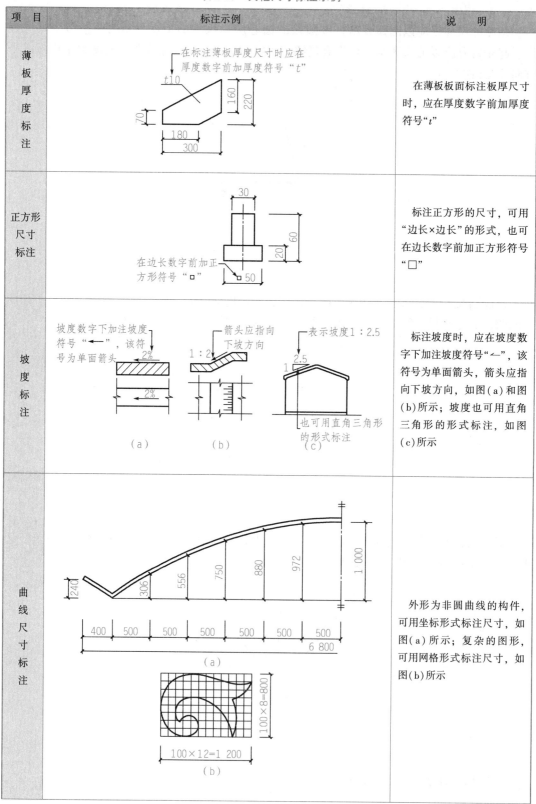	在薄板板面标注板厚尺寸时，应在厚度数字前加厚度符号"t"
正方形尺寸标注		标注正方形的尺寸，可用"边长×边长"的形式，也可在边长数字前加正方形符号"□"
坡度标注		标注坡度时，应在坡度数字下加注坡度符号"←"，该符号为单面箭头，箭头应指向下坡方向，如图(a)和图(b)所示；坡度也可用直角三角形的形式标注，如图(c)所示
曲线尺寸标注		外形为非圆曲线的构件，可用坐标形式标注尺寸，如图(a)所示；复杂的图形，可用网格形式标注尺寸，如图(b)所示

项　目	标注示例	说　明
杆件或管线长度标注	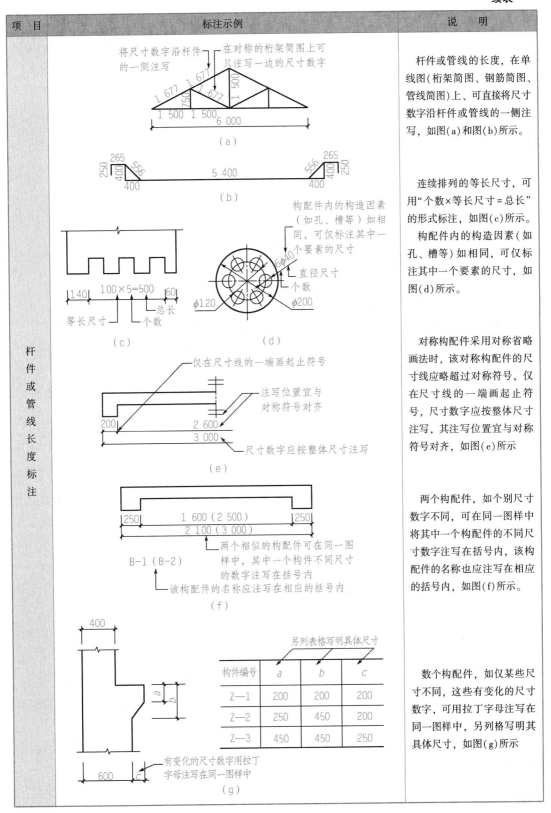	杆件或管线的长度，在单线图(桁架简图、钢筋简图、管线简图)上，可直接将尺寸数字沿杆件或管线的一侧注写，如图(a)和图(b)所示。 连续排列的等长尺寸，可用"个数×等长尺寸=总长"的形式标注，如图(c)所示。 构配件内的构造因素(如孔、槽等)如相同，可仅标注其中一个要素的尺寸，如图(d)所示。 对称构配件采用对称省略画法时，该对称构配件的尺寸线应略超过对称符号，仅在尺寸线的一端画起止符号，尺寸数字应按整体尺寸注写，其注写位置宜与对称符号对齐，如图(e)所示 两个构配件，如个别尺寸数字不同，可在同一图样中将其中一个构配件的不同尺寸数字注写在括号内，该构配件的名称也应注写在相应的括号内，如图(f)所示。 数个构配件，如仅某些尺寸不同，这些有变化的尺寸数字，可用拉丁字母注写在同一图样中，另列格写明其具体尺寸，如图(g)所示

(五)标高符号

标高符号应以等腰直角三角形表示,按图 2-27(a)所示形式用细实线绘制,如标注位置不够,也可按图 2-27(b)所示形式绘制。标高符号的具体画法如图 2-27(c)、(d)所示。

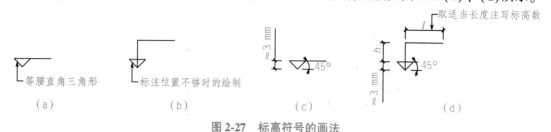

图 2-27 标高符号的画法

标高符号的尖端应指至被注高度的位置。尖端一般应向下,也可向上。标高数字应注写在标高符号的左侧或右侧(图2-28);标高数字应以米为单位,注写到小数点后第三位。

在总平面图中,可注写到小数点后第二位;零点标高应注写成±0.000,正数标高不注"+",负数标高应注"-",例如3.000、-0.600;在图样的同一位置需表示几个不同标高时,标高数字可按图 2-29 的形式注写。

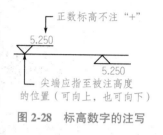

图 2-28 标高数字的注写

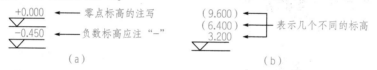

图 2-29 特殊标高数字的注写

(1)总平面图室外地坪标高符号,宜用涂黑的三角形表示[图 2-30(a)],具体画法如图 2-30(b)所示。

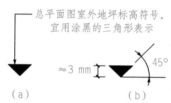

图 2-30 总平面图室外地坪标高

(2)建筑物平面、立面、剖面图,宜标注室内外地坪、楼地面、地下层地面、阳台、平台、檐口、屋脊、女儿墙、雨篷、门、窗、台阶等处的标高。平屋面等不易标明建筑标高的部位可标注结构标高,并予以说明。

(3)楼地面、地下层地面、阳台、平台、檐口、屋脊、女儿墙、台阶等处的高度尺寸及标高,宜按下列规定注写:

①平面图及其详图注写完成面标高。

②立面图、剖面图及其详图注写完成面标高及高度方向的尺寸。

③其余部分注写毛面尺寸及标高。

④标注建筑平面图各部位的定位尺寸时，注写与其最邻近的轴线间的尺寸；标注建筑立、剖面图各部位的定位尺寸时，注写其所在层次内的尺寸。

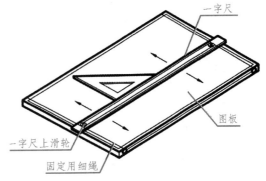

图2-31　图板、丁字尺

目前，虽然很多工程设计、施工中所使用的施工图是采用计算机绘制的，但在学习制图时仍然要了解和熟悉传统的制图工具和用品的性能、特点及使用方法等。

建筑工程制图最常用的工具和仪器有图板、丁字尺或一字尺、三角板、比例尺（三棱尺）、圆规、分规，还有绘图笔、橡皮、模板等，如图2-31和图2-32所示。

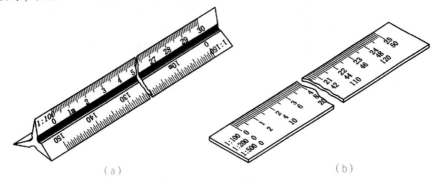

(a)　　　　　　　　　(b)

图2-32　比例尺

(a)三棱比例尺；(b)比例直尺

任务二　初识中望 CAD

相关知识

一、中望 CAD 的启动与退出

1. 中望 CAD 的启动

中望 CAD 的启动有如下几种方式。

(1)中望 CAD 安装完成以后，系统自动在 Windows 桌面上产生中望 CAD 的快捷图标 。双击桌面快捷图标 可启动中望 CAD。

（2）执行【开始】|【程序】|【ZWCAD】命令，即可启动中望 CAD。

（3）通过打开已有图形文件启动中望 CAD。

2. 中望 CAD 的退出

在将图形绘制完成后，若想退出中望 CAD 程序，可以使用下面的几种方法。

（1）单击中望 CAD 用户界面标题栏右边的关闭按钮 ⊠，弹出中望 CAD 提示框，如图 2-33 所示。该对话框提供三个按钮，分别表示关闭前保存对图形所做的修改、放弃保存修改和取消命令并返回到中望 CAD 继续操作。根据实际情况选择相应的按钮，退出中望 CAD。

图 2-33 退出对话框

（2）执行【文件】|【退出】命令，弹出中望 CAD 提示框。根据实际情况选择相应的按钮，退出中望 CAD。

（3）直接按 Alt+F4 组合键或 Ctrl+Q 组合键，弹出中望 CAD 提示框。根据实际情况选择相应的按钮，退出中望 CAD。

（4）双击标题栏左边的程序图标 ，弹出中望 CAD 提示框。根据实际情况选择相应的按钮，退出中望 CAD。

（5）在命令行输入 Quit 或 Exit，并按下 Enter 键，弹出中望 CAD 提示框。根据实际情况选择相应的按钮，退出中望 CAD。

二、中望 CAD 用户界面

中望 CAD 教育版的工作界面如图 2-34 所示，主要包括标题栏、下拉菜单、绘图区、工具栏、命令栏、状态栏等部分。与其他应用程序一样，用户可以根据需要安排工作界面。

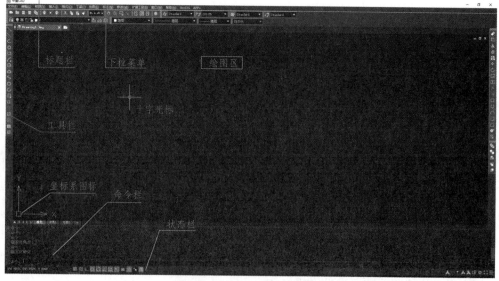

图 2-34 中望 CAD 工作界面

标题栏：显示软件名称和当前图形文件名。与 Windows 标准窗口一致，可以利用右上角的按钮  将窗口最小化、最大化或关闭。

下拉菜单：单击界面上方的菜单，会弹出该菜单对应的下拉菜单，在下拉菜单中几乎包含了中望 CAD 所具有的所有命令及功能选项，单击需要执行操作的相应选项，就会执行该项操作。

下拉菜单具有以下特点：

(1)下拉菜单中，右侧有▶的菜单项，表示其还有子菜单，用户可进一步选择子菜单，如图 2-35 所示。

(2)下拉菜单中，右侧有···的菜单项表示单击该菜单项后将弹出一个对话框，如图 2-36 所示。在打开的对话框中进行相应的参数设置后，即可执行此命令的相应操作。

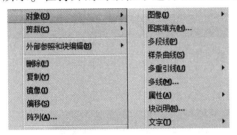

图 2-35　【修改】下拉菜单

图 2-36　【修改】下拉菜单

单击【格式】菜单中【线宽】项，会弹出如图 2-37 所示的【线宽】对话框，该对话框用于线宽设置。

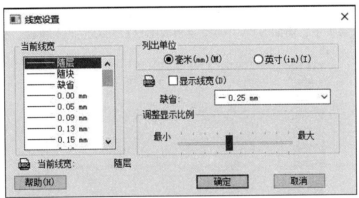

图 2-37　【线宽】对话框

工具栏：工具栏按类别包含了不同功能的图标按钮，用户只需单击某个按钮即可执行相应的操作。在工具栏上单击鼠标右键，可以调整工具栏显示的状态。

(1)标准工具栏如图 2-38 所示。

图 2-38　标准工具栏

（2）绘图工具栏如图 2-39 所示。

图 2-39　绘图工具栏

（3）修改工具栏如图 2-40 所示。

图 2-40　修改工具栏

（4）对象特性工具栏如图 2-41 所示。

| ■随层 ▼ | ──── 随层 ▼ | ──── 随层 ▼ | 随颜色 ▼ |

图 2-41　对象特性工具栏

（5）图层工具栏如图 2-42 所示。

图 2-42　图层工具栏

单击工具栏上的某一按钮，可以启动对应的中望 CAD 命令。用户可以根据需要打开或关闭任意工具栏，其操作方法之一是在已有工具栏旁空白处上右击鼠标，ZWCAD 将弹出列有工具栏的快捷菜单，如图 2-43 所示。通过在此快捷菜单中选择，就可以打开或关闭任一工具栏。菜单中，前面有"√"的菜单项表示已打开对应的工具栏，如图 2-44 所示。

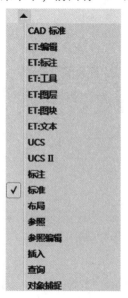

CAD 标准	
ET:编辑	
ET:标注	
ET:工具	
ET:图层	
ET:图块	
ET:文本	
UCS	
UCS II	
标注	
√ 标准	
布局	
参照	
参照编辑	
插入	
查询	
对象捕捉	

√	坐标光标值	F6
√	捕捉	F9
√	栅格	F7
√	正交	F8
√	极轴	F10
√	对象捕捉	F3
√	对象追踪	F11
√	动态输入	F12
√	线宽	
√	循环选择	Ctrl+W
√	图纸/模型	
√	工作空间切换	
√	清理屏幕(Ctrl+0)	

图 2-43　工具栏的快捷菜单　　　　图 2-44　有"√"的菜单项

命令栏：命令栏位于工作界面的下方，当命令栏中显示"命令："提示时，表明软件等待用户输入命令，如图2-45所示。当软件处于命令执行过程中，命令栏中显示各种操作提示。用户在绘图的整个过程中，要密切留意命令栏中的提示内容。

命令提示窗口是输入命令和提示信息的地方。用户可以隐藏命令窗口，隐藏方法是执行【工具】|【命令行】菜单命令。

提示：利用Ctrl+9组合键，可以快速实现隐藏或显示命令窗口的切换。

在绘制图形时，命令行一般有以下两种情况。

（1）等待命令输入状态：表示系统等待用户输入命令，以绘制或编辑图形，如图2-46所示。

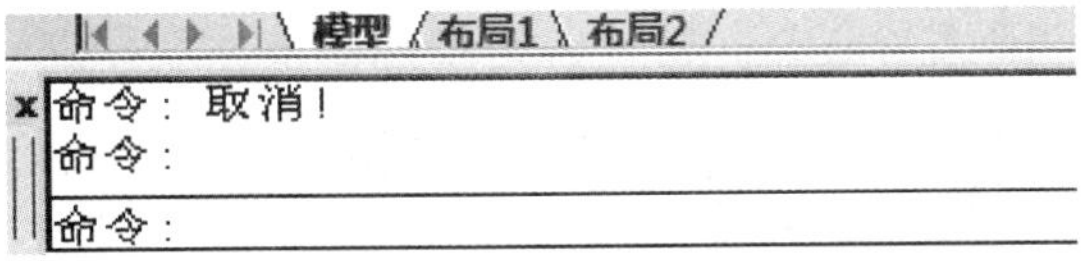

图 2-45　命令行 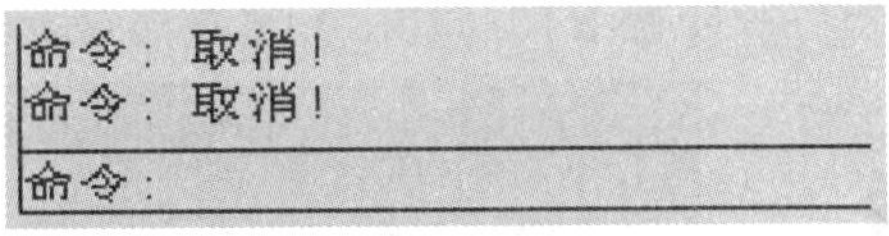　　　　　　　　　　　图 2-46　等待命令输入状态

（2）正在执行命令的状态：在执行命令过程中，命令行中显示该命令的操作提示，以方便用户快速地确定下一步操作，如图2-47所示。

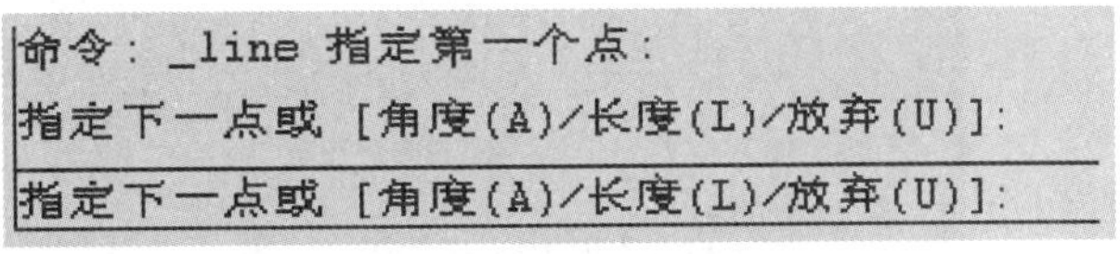

图 2-47　正在命令输入状态

绘图区：绘图窗口是中望CAD进行绘制、显示和观察图形的重要工作区域。在绘图窗口的内部和边框的边缘分别设有十字光标、坐标系图标、"模型"选项卡、"布局"选项卡等，如图2-48所示。

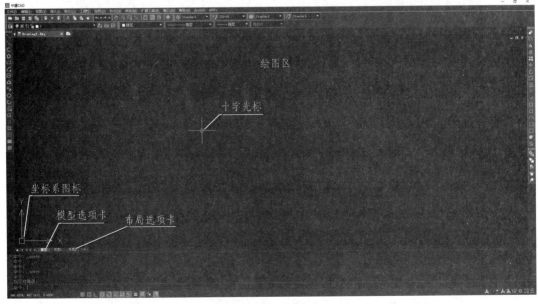

图 2-48　绘图窗口

（1）十字光标。在绘图区域的左下角显示了当前坐标系图标，向右方向为 X 轴正方向，向上为 Y 轴正方向。绘图区没有边界，无论多大的图形都可置于其中。鼠标移动到绘图区中，会变为十字光标，执行选择对象的时候，鼠标会变成一个方形的拾取框，如图 2-49 所示。

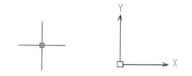

图 2-49　图形窗口中的 UCS 和十字光标

（2）坐标系图标。在绘图区域的左下角带有 X、Y 水平垂直走向的箭头图标为坐标系图标，主要用于绘制点的参照坐标系。用户可以根据绘图需要进行开启和关闭。

开启和关闭坐标系图标的方法：

执行【视图】|【显示】|【UCS 图标】|【开】菜单命令，如图 2-50 所示。

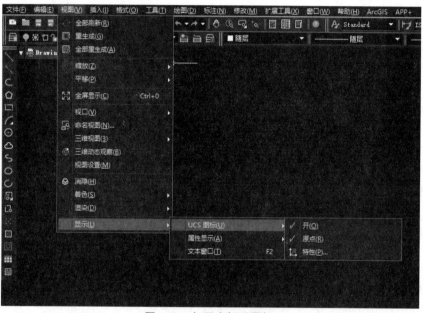

图 2-50　打开坐标系图标

（3）"模型"选项卡。在中望 CAD 绘图窗口的左下角设置了"模型"和"布局"选项卡，系统默认显示"模型"选项卡下的模型空间，用户可以在这个界面下绘制和修改图形，并且这个绘图区域没有最大界限，可通过缩放功能进行放大和缩小。

（4）"布局"选项卡。选择"布局"选项卡，从模型空间转换到布局空间，主要用于打印出图，并且在布局空间可以设定不同规格的图纸。

（5）滚动条。用户可以拖动绘图窗口的右侧和下方提供的水平与垂直的滚动条对图形进行浏览。

选项卡：选项卡用于显示当前开启文件的名称，如图 2-51 所示，在选项卡的空白处右击，可以新建或打开文件。

图 2-51　选项卡

开启与隐藏选项卡的方法：在工具栏的空白处单击，选择或取消选择选项卡。

状态栏：状态栏位于界面的最下方，显示了当前十字光标在绘图区所处的绝对坐标位置。同时还显示了常用的控制按钮，如捕捉、栅格、正交等，点击一次，按钮按下表示启用该功能，再点击则关闭，如图 2-52 所示。

87.9561, 244.4934, 0.0000

图 2-52　状态栏

（1）提示行。提示行用于显示当前十字光标在空间中的精确位置。用户可以通过按【F6】键开启或关闭坐标系。

（2）辅助功能区。提示行右侧为辅助功能区，主要包括捕捉模式、栅格显示、正交模式、极轴追踪、对象捕捉、对象捕捉追踪、显示隐藏线宽、模型或图纸空间 8 项辅助功能，这些功能主要用于帮助用户更精确地绘制图形。当鼠标滑过这些功能按钮时，会提示相对应的功能名称，单击后可以进行开启和关闭的切换。

三、中望 CAD 命令的输入方法

作为初学者，首先要掌握 CAD 命令的基本输入方法，才能更好地学习后面的内容，在 CAD 中主要通过菜单、鼠标操作、键盘操作三种操作方式输入命令。

1. 输入命令的方式

绘图过程中常用的命令执行方式有三种：菜单栏输入、工具栏输入、命令行输入，个别命令只能通过命令行输入或对话框选择，还有部分命令除常用的三种执行方式外还可以通过快捷菜单来执行命令。

（1）菜单栏输入。在菜单栏选项下，单击命令后，会在状态栏中显示当前选择命令的命令名和相对应的命令说明，如图 2-53 所示。

图 2-53　菜单栏输入方式

（2）工具栏输入。单击激活命令，然后在绘图窗 El 再次单击确定工作起点，执行命令。

（3）命令行输入。在命令行窗口中单击，闪动光标后输入命令名或命令缩写字母（命令输入以英文字符出现，不区分大小写），然后按 Enter 键或 Space 键激活命令，在绘图窗口单击后确定工作点，执行命令。

（4）快捷命令输入。在命令行窗口的空白处右击，打开快捷菜单，可在"近期使用过的命令"的子菜单中选择需要的命令，系统默认存储 6 个最近操作过的命令。如果长期使用某 6 个以内的命令，使用这种方法非常便捷，如图 2-54 所示。

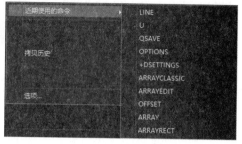

图 2-54　快捷命令输入

2. 鼠标操作

①左键：执行命令、选取对象、移动、定位点。
②右键：确认、取消、重复执行上次使用的命令。
③中键：平移视窗（P）、放大与缩小视窗。

3. 键盘操作

①Space 键：确认执行的命令、取消、重复上次操作的命令。
一击：执行命令。
二击：取消命令。
三击：重复执行上次的命令。
②Enter 键：与 Space 键功能相同。
③Esc 键：取消一个正在执行的命令和取消当前选取的对象。

【实践操作】：利用 LINE 命令绘制直线，了解 CAD 命令的输入方式，并分别执行直线命令的重复、撤销和重做。

命令行输入：LINE，简写 L。
菜单输入：执行【绘图】|【直线】命令。
工具栏输入：单击绘图工具栏中的直线按钮 。
命令：L

LINE 指定第一个点：　　　　　　　　　//用鼠标在绘图窗口中任意拾取一点
指定下一点或[放弃(u)]：　　　　　　　//用鼠标在绘图窗口中任意拾取一点
指定下一点或[放弃(u)]：　　　　　　　//完成绘制直线的操作
按 Space 键或 Enter 键，重复上一个命令
指定第一个点：　　　　　　　　　　　//用鼠标在绘图窗口中任意拾取一点
指定下一点或[放弃(u)]：　　　　　　　//用鼠标在绘图窗口中任意拾取一点
指定下一点或[放弃(u)]：　　　　　　　//按 Esc 键取消命令
按 Space 键或 Enter 键，重复上一个命令
指定第一个点：　　　　　　　　　　　//用鼠标在绘图窗口中任意拾取一点

指定下一点或[放弃(u)]：　　　　　　　//用鼠标在绘图窗口中任意拾取一点

指定下一点或[放弃(u)]：U/

指定下一点或[放弃(u)]：U/　　　　　　//撤销两步操作，所画线段已被撤销

技巧提示：

在实际工作中，要求绘图的熟练度和速度，所以命令行输入命令缩写字母，可以大大增加工作效率，建议在日后的练习中要多使用命令行输入的方法。

四、中望 CAD 文件的新建与保存

1. 新建文件

用户在开始要使用中望CAD绘制图形之前，首先要新建一个中望CAD文件。新建中望CAD文件的命令启动方式有以下四种：

①命令：NEW。

②菜单：执行【文件】|【新建】菜单命令。

③工具栏：单击标准工具栏的【新建】按钮。

④快捷键：Ctrl+N。

【实践操作】：运用命令行输入命令，打开【创建新图形】对话框，选择默认设置，创建一个以公制为单位的新CAD图形文件。

命令：NEW，执行命令后系统弹出【创建新图形】对话框，如图2-55所示，在默认设置下选中"公制"单选按钮，单击【确定】按钮，系统创建新图形文件，图形名默认为drawing1.dwg。

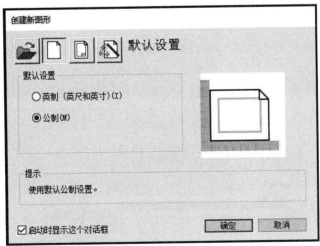

图 2-55　【创建新图形】对话框

技巧提示：

若输入命令后，系统没有弹出【创建新图形】对话框，可以在命令行输入 STARTUP 系统变量，并将值设为 1，将 FILEDIA 系统变量值设为 1。再输入新建命令，就会弹出【创建新图形】对话框。

【实践操作】：打开【启动】对话框，选择样板文件中 DIN A3—Color Dependent Plot Styles. dwt，创建一个新的图形文件。

①双击桌面上的中望 CAD 快捷图标，打开【启动】对话框，选择【使用样板】，如图 2-56 所示。

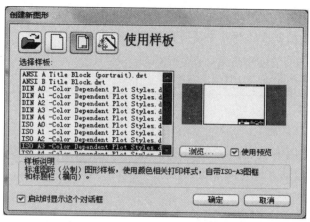

图 2-56 【使用样板】创建图形文件

②在选择样板下，选择 DIN A3—Color Dependent Plot Styles. dwt，单击【确定】按钮。

技巧提示：

样板文件的内容包括图形界限、图形单位、图层、线宽、线型、标注样式、文字样式、表格样式、布局等设置以及标题栏和绘制图框等。图形样板文件的后缀名为 . dwt，使用样板文件可以保证各种图形文件使用的标准一致，另外用户可以根据自己的需要，把每次绘图都要重复的工作以样板文件的形式保存下来，应用时可以直接调用，避免重复性的工作，提高绘图效率。

【实践操作】：运用菜单栏输入的方法，通过【使用向导】创建新图形，选择向导中的【快速设置】，测量单位设为【小数】，默认区域数值的图形文件。

①选择【文件】菜单栏，单击【新建】按钮后弹出【创建新图形】对话框，单击【使用向导】按钮，在【选择向导】中选择【快速设置】，单击【确定】按钮，如图 2-57 所示。

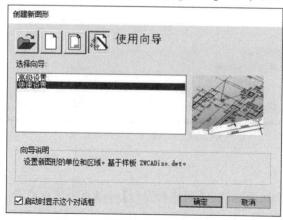

图 2-57 【使用向导】创建图形文件

②弹出【快速设置】对话框，在【选择测量单位】下，选中【小数】单选按钮，单击【下一步】按钮，如图 2-58 所示。

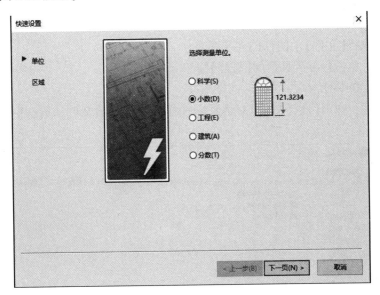

图 2-58　【快速设置】创建图形文件

③跳转到【区域】选项，单击【完成】按钮，如图 2-59 所示。

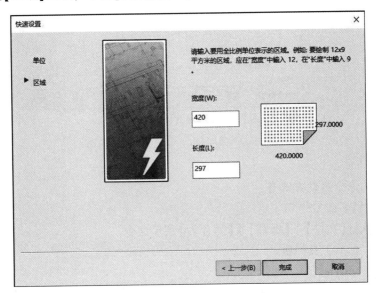

图 2-59　【区域】创建图形文件

技巧提示：

【使用向导】创建图形文件，还可以选择向导中的【高级设置】对图形文件的单位、角度、角度测量、角度方向、区域等进行精确数值的设置，通过【下一步】和【上一步】按钮完成每一页设置，在最后一页上单击【完成】按钮即可。

2. 打开文件

打开文件的命令启动方式有：

①命令：OPEN。

②菜单：执行【文件】|【打开】菜单命令。

③工具栏：单击标准工具栏的【打开】按钮 📁。

④快捷键：Ctrl+O。

执行命令后，弹出【选择文件】对话框，选择需要打开的文件，单击【打开】按钮，如图2-60所示。

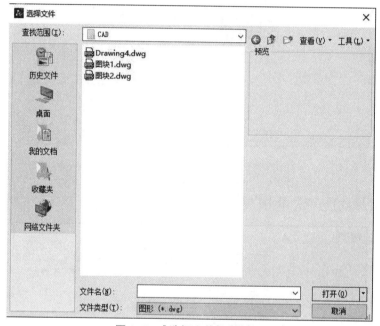

图 2-60 【选择文件】对话框

3. 保存文件

保存文件的命令启动方式有：

①命令：SAVE 或 QSAVE。

②菜单：执行【文件】|【保存】或【另存为】菜单命令。

③工具栏：标准工具栏 💾。

④快捷键：Ctrl+S。

执行命令后，弹出【图形另存为】对话框，在【名称】后输入所保存的文件名，选择文件类型，单击【保存】按钮，如图 2-61 所示。

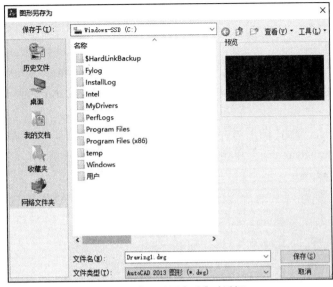

图2-61　【图形另存为】对话框

技巧提示：

　　如果曾经保存并命名了该图形，在修改后重新保存时，系统直接用修改后的图形覆盖原图形。如果是第一次保存图形，则弹出【图形另存为】对话框。在中望CAD中有三种文件格式，分别为图形文件的后缀为.dwg、模板文件的后缀为.dwt、图形交换文件的后缀为.dxf。需要注意的是在中望CAD文件中，高版本的CAD可以打开低版本的CAD文件，但是低版本的CAD不能打开高版本的CAD文件，所以我们通常会将高版本的CAD文件另存为低版本的CAD文件。

　　【实践操作】：将系统设置成每间隔5 min，自动保存一次当前文件。

　　①在【工具】菜单中，执行【选项】命令，如图2-62所示。

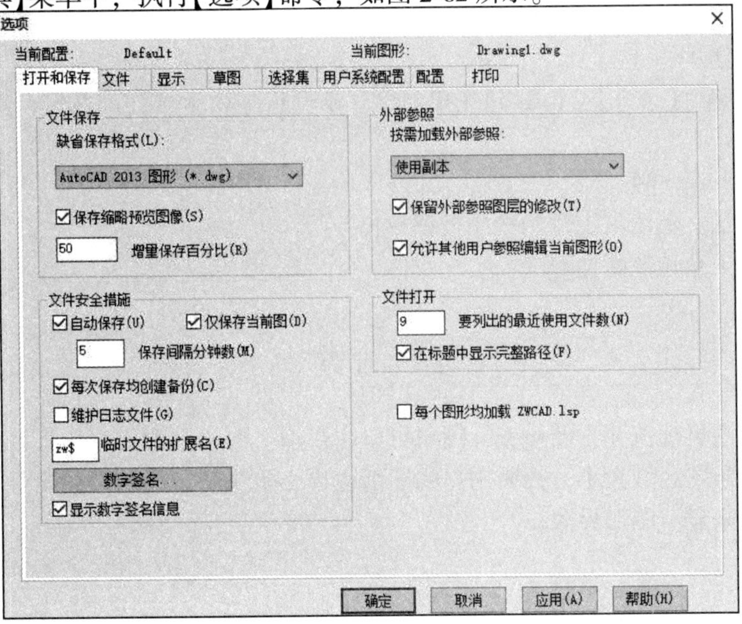

图2-62　【选项】对话框

②选择【选项】对话框中的【打开和保存】选项卡，选中【自动保存】复选框并在【保存间隔分钟数】内输入值5。

③单击【确定】按钮。

【实践操作】：运用工具栏图标，选择【创建新图形】对话框中的默认设置，默认设置单位为"公制"，创建一个新的图形文件，并保存名为 yangban. dwt 的样板文件，样板说明不需要填写内容。

④命令：SAVE，弹出【图形另存为】对话框，在文件类型的下拉菜单中选择【图形样板文件】，名称输入 yangban. dwt，单击【保存】按钮，如图 2-63 所示。

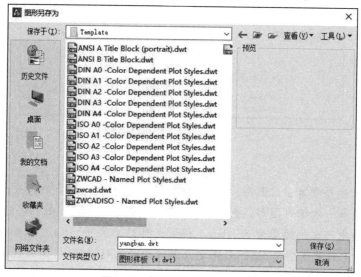

图 2-63 【图形另存为】对话框

4. 退出文件

退出文件的命令启动方式有：

①命令：QUIT。

②菜单：执行【文件】|【退出】菜单命令。系统提示尚未保存的文件，是否保存修改，如图 2-33 所示。

③快捷键：Alt+F4。

④快捷方法：单击右上角的关闭按钮。

⑤双击左上角控制按钮。

五、中望 CAD 绘图环境的设置

为了使绘图更规范并方便检查，用户可以在模型空间中设置一个矩形区域作为图形界限，用于设置绘图区域大小，标明用户的图纸边界，防止绘制的图形超出某个范围。用户可以使用栅格来显示图形界限。

1. 图形范围

图形界限的命令启动方式有：

①命令：LIMITS。

②菜单：执行【格式】|【图形界限】菜单命令。

【实践操作】：将图纸设置为A2图纸，并打开图形界限检查功能。

命令：LIMITS。

指定左下角点或【开(ON)/关(OFF)】<0.0000，0.0000>：0，0↙

指定右上角点<420.0000，297.0000>：594，4208↙

然后重新输入命令：

命令：LIMITS↙

指定左下角点或【开(ON)/关(OFF)】<0.0000，0.0000>：ON↙　　//打开图形界限检查功能

技巧提示：

　　系统默认的绘图范围是A3图幅的。如果设置其他图幅，只需改成相应的尺寸即可。绘图时我们一般都用真实的尺寸绘图，等出图的时候再考虑比例尺的问题，如果用直线或者矩形绘制图框会比LIMITS更直观。当图形界限为ON时，如果拾取或者输入的坐标点超出图形界限的话，操作无效；当图形界限为OFF时，绘图不受限制。图形界限检查功能只限制输入的坐标点不能超出绘图边界，而不能限制整个图形。

　　例如：当我们用中心点来绘制椭圆的时候，只要椭圆的圆心在界限之内，就可以绘制出来，即使椭圆的一部分位于界限外。

2. 绘图单位

　　一般情况下，用户要在绘图前，就要知道图形单位与实际单位之间的关系，设置好长度和角度的制式和精度。

　　图形单位的命令启动方式有：

①命令：DDUNITS 简写 UN。

②菜单：执行【格式】|【单位】菜单命令。

　　任务：将长度单位设置成小数，精确到毫米，角度单位设置成十进制度数，精确到小数点后一位(长度与角单位表示形式见表2-11和表2-12)。

①命令：UN，打开如图2-64所示对话框。

②完成图形单位的设置后，单击【确定】按钮即可。

表2-11　长度单位表示形式

单位类型	精　度	举　例	单位含义
科学	0.00E+01	1.08E+05	科学计数法表达方式
小数	0.000	5.948	我国工程界普遍采用的十进制表达方式
工程	0′-0.0″	8′-2.6″	英尺与十进制英寸表达方式，其绘图单位为英寸
建筑	0′-01/4″	1′-31/2″	欧美建筑业常用格式，其绘图单位为英寸
分数	01/8	165/8	分数表达方式

表 2-12 角度单位表示形式

单位类型	精 度	举 例	单位含义
度	0.00	48.48	十进制数，我国工程界多用
度/分/秒	0d00′00″	28 d18′12″	用 d 表示度，′表示分，″表示秒
百分度	0.0 g	35.8 g	十进制数表示梯度，以小写 g 为后缀
弧度	0.0 r	0.9 r	十进制数，以小写 r 为后缀
勘测	N0d00′00″E	N44d30′0″E S35 d30′0″W	该例表示北偏东北 44.5 度，勘测角度表示从南(S)北(N)到东(E)西(W)的角度，其值总是小于 90 度，大于 0 度

角度方向：规定当输入角度值时角度生成的方向，图 2-64 确定逆时针方向角度为正；若钩选顺时针，则确定顺时针方向角度为正。

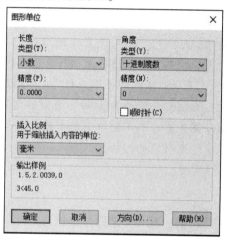

图 2-64 【图形单位】对话框

基准角度：如图 2-65 所示，规定 0 度角的位置，例如，缺省时，0 度角在"东"或"3 点"的位置。

🔍 3. 文件目录

文件目录最好是设置到中望 CAD 目录下，便于查找，如图 2-66 所示。当然，也可放到用户认为方便的地方，中望 CAD 是将图、外部引用、块放到"我的文档"中，如果用户机器上的"我的文档"中文件太多，建议就要修改上述几种文件的用户路径。临时文件保存路径可以从系统默认的 temp 目录改到用户想要的目录。

🔍 4. 捕捉光标

图 2-65 角度方向控制

如果按系统默认是红色，如图 2-67 所示，对黑色背景绘图区反差大，比较好。但当把屏幕背景设置成白色后，浅黄色就看不清楚了(反差太小)。这时，可将捕捉小方框设成紫色，例如经常要截图到 Word 文档，就要改成反差大的颜色，如图 2-68 所示。

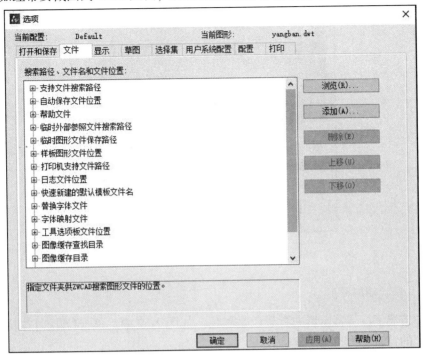

图 2-66　文件目录设置到中望 CAD 目录下

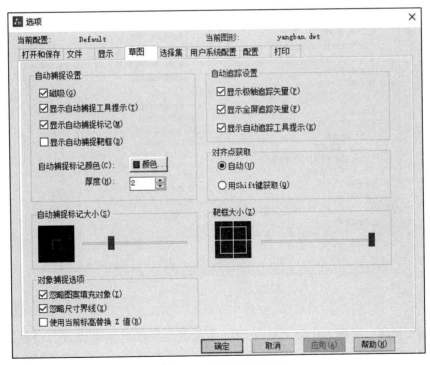

图 2-67　系统的捕捉光标

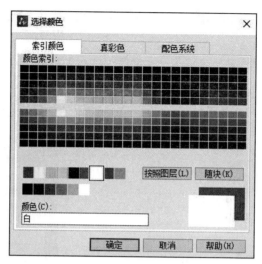

图 2-68 捕捉光标改变颜色

🔍 5. 设置绘图屏幕颜色

在缺省情况下，屏幕图形的背景色是黑色。如图 2-69 中，单击【颜色】按钮，可以改变屏幕图形的背景色为指定的颜色。

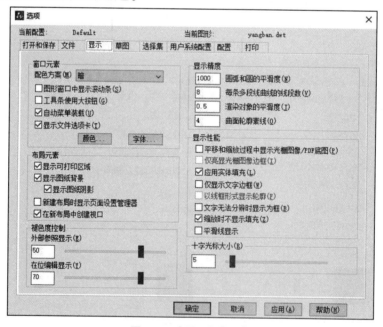

图 2-69 【显示】选项卡

比如编写文稿，要插入中望 CAD 图形，就要把屏幕的背景色设置为白色，单击【颜色】按钮，出现如图 2-70 所示画面，设置为白色，若在真彩色页，白色是将 RGB 值均设置为 255。

如果采用【索引颜色】，单击【索引颜色】按钮，直接选颜色要简单得多。由于是工程图纸，颜色不必设置过多，最好是不要随便以图像处理的颜色要求来处理图形。可以设置十字光标颜色，帮助区别 X、Y 及 Z 轴，可分别设置不同颜色。

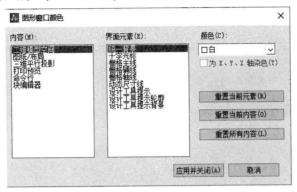

图 2-70　屏幕的背景色设置

六、定制中望 CAD 操作环境

1. 定制工具栏

命令行：TO

中望 CAD 提供工具栏可快速地调用命令。可通过增加、删除或重排列、优化等工具栏，以更适应工作。如图 2-71。

图 2-71　【定制】对话框

2. 组建一个新的工具栏

命令行：Cui

菜单：执行【工具】【自定义(C)】【自定义工具】菜单命令。

(1)建立新的工具栏

中望 CAD 提供的工具栏可建立自己的工具栏。在"自定义"选项卡上的"…中的自定义设置"窗格中，选中"工具栏"树节点并单击鼠标右键，在弹出的快捷菜单中选择"新建工具栏"。如图 2-72。

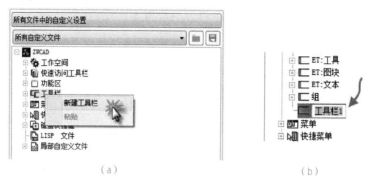

（a）　　　　　　　　　　　　（b）

图 2-72 【新建工具栏】对话框

（2）增加一个按钮到工具栏

找到所需的工具按钮，拖动到新建工具栏中。或复制该工具到新建工具栏中。如图 2-73。

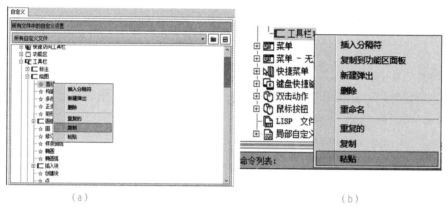

（a）　　　　　　　　　　　　（b）

图 2-73 【增加所需工具】对话框

（3）从工具栏中删除一个工具按钮。

1）右键点选工具栏想要删除的工具按钮。

2）在右键菜单中单击删除。

3. 定制键盘快捷键

中望 CAD 提供键盘快捷键以便能访问经常使用的命令。我们可以定制这些快捷键并用定制对话框添加新的快捷键。输入 CUI 命令，系统弹出【自定义用户界面】，单击【键盘快捷键】标签，系统会显示如图图 2-74 对话框。

图 2-74 【键盘快捷键】选项卡

七、中望 CAD 的坐标系统

中望 CAD 的坐标系统可分为世界坐标系统(WCS)和用户坐标系统(UCS),下面分别简单介绍这两个坐标系统。

1. 世界坐标系(WCS)

中望 CAD 软件本身默认的是 WCS,X、Y、Z 互相垂直,在 2D 空间中 Z 坐标始终为 0。绘制二维图形时,所有绘制的图形都在 XY 平面上,所以使用默认的 WCS 就可以了。

2. 用户坐标系(UCS)

有时候为了绘图需要,用户需要改变坐标系的原点和方向,尤其是在绘制 3D 图形时,因为每个要定位的点都可能有互不相同的 Z 坐标,需要改变坐标的原点和方向,那么 UCS 就可以做到这一点。通过执行【视图】|【显示】|【UCS 图标】菜单命令,可以打开和关闭坐标系统,还可以选择是否显示坐标原点,也可以设置 UCS 坐标图标的样式、大小和颜色。

3. 坐标的输入方法

在中望 CAD 中可以用 4 种坐标的输入方法来定位点,分别是绝对直角坐标、绝对极坐标、相对直角坐标、相对极坐标。

【实践操作】:使用以上 4 种坐标输入法来绘制如图 2-75 所示图形。

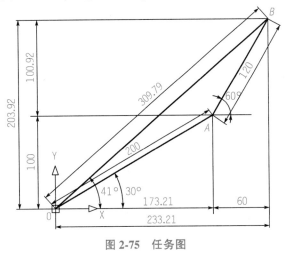

图 2-75 任务图

使用绝对直角坐标:

命令:L

指定第一点:0,0↙

指定下一点或[放弃(U)]:173.21,100↙

指定下一点或[放弃(U)]:233.21,203.92↙

指定下一点或［闭合(C)/放弃(U)］：C✓

使用绝对极坐标：

命令：L

指定第一点：0<0✓

指定下一点或［放弃(U)］：200<30✓

指定下一点或［放弃(U)］：309.79，41✓

指定下一点或［闭合(C)/放弃(U)］：C✓

使用相对直角坐标：

命令：L

指定第一点：0，0✓

指定下一点或［放弃(U)］：@ 173.21，100✓

指定下一点或［放弃(U)］：@ 60，103.92✓

指定下一点或［闭合(C)/放弃(U)］：C✓

使用相对极坐标：

命令：L

指定第一点：0<0✓

指定下一点或［放弃(U)］：@ 200<30✓

指定下一点或［放弃(U)］：@ 120<60✓

指定下一点或［闭合(C)/放弃(U)］：C✓

复习思考

1. 选择题

(1) 图纸幅面的规格有(　　)种。

　　A. 3　　　　　　　　B. 4　　　　　　　　C. 5　　　　　　　　D. 6

(2) 下列图线画法正确的是(　　)。

　　A.　　　　　　　　　　　　　　　　　B.

　　C.　　　　　　　　　　　　　　　　　D.

(3) 建筑制图国家标准规定汉字应该书写成(　　)。

　　A. 草体　　　　　B. 长仿宋体　　　　　C. 篆体　　　　　　D. 楷体

(4) 10 号长仿宋字是指(　　)。

　　A. 字高和字宽都是 10 mm　　　　　　B. 字高为 10 mm

　　C. 字宽为 10 mm　　　　　　　　　　D. 字高与字宽的和为 10 mm

(5) 分别用下列比例画同一个物体，画出图形最大的比例是(　　)。

　　A. 1∶100　　　　B. 1∶50　　　　　C. 1∶10　　　　　D. 1∶200

(6) 图样上的尺寸数字代表的是(　　)。

　　A. 图上线段的长度　　　　　　　　　B. 物体的实际大小

C. 随比例变化的尺寸　　　　　　　D. 图线乘比例的长度

(7) 物体的长度标注为 2 000，其比例为 1 : 5，则物体的实际大小为(　　)。

A. 400　　　　　　B. 2 000　　　　　　C. 1 000　　　　　　D. 5 000

2. 填空题

(1) 尺寸由_____、_____、_____和_____组成。

(2) 中望 CAD 的坐标体系包括_____坐标系和_____坐标系。

(3) 在【图形单位】对话框中，_____区域可用来设置图形的角度单位格式。

3. 操作题

(1) 试作绘图前的各项准备工作，按步进行练习。

(2) 试用绝对直角坐标、相对直角坐标、绝对极坐标、相对极坐标作一些简单几何图形。

绘制建筑总平面图

　　建筑总平面图主要表示拟建房屋所在位置有关范围内的总体布局，它主要反映新建房屋的位置、朝向、标高和绿化的布置、地形、地貌及与原有环境的关系等。

　　本章节运用中望CAD绘制某学校宿舍区的建筑总平面图实例，详细讲解了建筑总平面图的绘制步骤与方法，包括设置绘图环境，绘制基本地形、建筑、道路、围墙、绿化，以及添加尺寸、文字、图名标注、指北针等；最后在任务考核中让读者自行练习，达到熟练绘制建筑总平面图的目的。

学习目标

- 掌握建筑总平面图的绘制方法。
- 掌握图层的概念与应用。
- 掌握直线、圆、平面图形、多段线、样条曲线的绘制方法。
- 掌握基本编辑命令的使用方法。

学习情境

　　某学校拟新建两幢学生宿舍楼，其建筑总平面图如图3-1所示，请运用中望CAD绘制该学校宿舍区的建筑总平面图。

绘制思路：

　　从总平面图可以看出，该图采用1：500的比例绘制。新建的学生宿舍楼(一)位于东南角，共四层，主要出入口在北面，地形基本平坦，其平面尺寸可参照建筑平面图中读取。

　　整个绘制过程包括：设置绘图环境，绘制基本地形、建筑、道路、围墙，布置绿化，绘制指北针共四个部分。

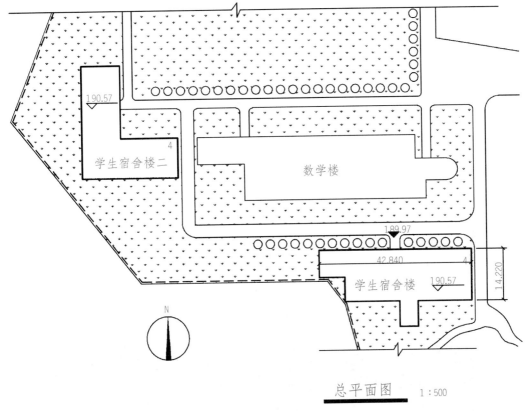

图 3-1 建筑总平面图

任务一 设置绘图环境

任务引入

在绘制该建筑物的总平面图时，首先应根据要求设置绘图环境，其具体内容包括新建绘图文件、设置图形界限及单位、设置图层、文字样式的设置等。

相关知识

一、图层

1. 图层的概念

中望 CAD 中的图层就如同一叠没有厚度的透明纸，将具有不同特性的对象分别置于不同的图层，然后将这些图层按同一基准点对齐，就可得到一幅完整的图形。通过图层作图，可将复杂的图形分解为几个简单的部分，分别对每一层上的对象进行绘制、修改、编辑，再将它们合在一起，这样复杂的图形绘制起来就变得简单、清晰、容易管理。实际上，使用中望 CAD 绘图，图形总是绘在某一图层上。这个图层可能是由系统生成的缺省图层，也可能是由用户自己创建的图层。

每个图层均具有线型、颜色和状态等属性。当对象的颜色、线型都设置为 BYLAYER 时，对象的特性就由图层的特性来控制。这样，既可以在保存对象时减少实体数据，节省存储空间；同时，也便于绘图、显示和图形输出的控制。如果不想显示或输出某一图层，用户可以关闭这一图层。

2. 图层的创建

在中望 CAD 中，系统对图层数虽没有限制，对每一图层上的对象数量也没有任何限制，但每一图层都应有一个唯一的名字。当开始绘制一幅新图时，中望 CAD 自动生成层名为"0"的缺省图层，并将这个缺省图层置为当前图层。其他图层都是由用户根据自己的需要创建并命名。"0"图层既不能被删除也不能重命名。

用户可以通过以下方法打开【图层特性管理器】对话框，如图 3-2 所示。

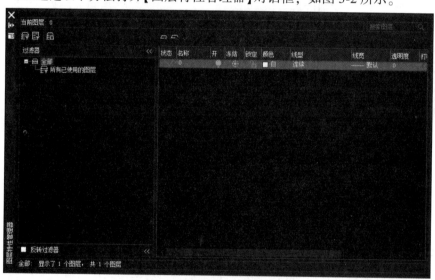

图 3-2 【图层特性管理器】对话框

- 命令：LAYER(LA)。
- 菜单：执行【格式】|【图层】菜单命令。
- 工具栏：单击【图层】工具栏的【图层特性管理器】按钮 ，如图 3-3 所示。

图 3-3 图层工具栏

在【图层特性管理器】对话框中单击【新建图层】按钮 ，建立新图层，默认的图层名为"图层 1"。图层创建后可在任何时候更改图层的名称(0 层和依赖外部参照图层除外)。

选取某一图层，再单击该图层名，图层名被执行为输入状态后，用户输入新图层名，再按【Enter】键，便完成了图层的更名操作。【图层特性管理器】按图层名的字母顺序排列图层。虽然一幅图可有多个图层，但用户只能在当前图层上绘图。

技巧提示：

要快速创建多个图层，可以选择用于编辑的图层名并用逗号隔开输入多个图层名，但在输入图层名时，图层名最长可达 255 个字符，可以是数字、字母或其他字符，但不能允许有>、<、|、\、""、:、=等。

3. 图层属性的设置

在每个图层属性设置中，包括图层名称、打开/关闭图层、冻结/解冻图层、锁定/解锁图层、图层线条颜色、图层线条线型、图层线条线宽、图层打印样式以及图层是否打印 9 个参数。下面对部分参数设置进行详细讲述。

(1) 设置图层线条颜色。颜色在图形中具有非常重要的作用，可以用来表示不同的组件、功能和区域。图层的颜色实际上是图层中图形对象的颜色，对不同的图层可以设置相同的颜色，也可以设置不同的颜色，绘制复杂图形时就可以很容易区分图形的各部分。

在【图层特性管理器】对话框中，单击某个图层所对应的【颜色】图标，即可弹出【选择颜色】对话框，从而可以根据需要选择不同的颜色，然后单击【确定】按钮即可，如图 3-4 所示。

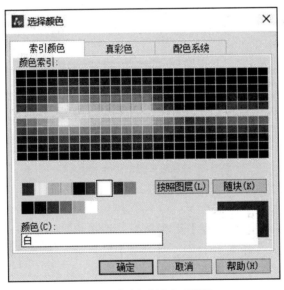

图 3-4 【选择颜色】对话框

(2) 设置图层线条线型。线型是指图形基本元素中线条的组成和显示方式，如虚线、实线等。在许多绘图工作中，常以线型划分图层。在绘图时，只需将该图层设为当前工作层，即可绘制出符合线型要求的图形对象，极大地提高了绘图效率。

在【图层特性管理器】对话框中，单击某个图层所对应的【线型】图标，即可弹出【选择线型】对话框，从中选择相应的线型，然后单击【确定】按钮即可，如图 3-5 所示。

用户可在【选择线型】对话框中单击【加载】按钮，将打开【加载或重载线型】对话框，从中可以将更多的线型加载到【选择线型】对话框中，以便用户设置图层的线型，如图 3-6 所示。

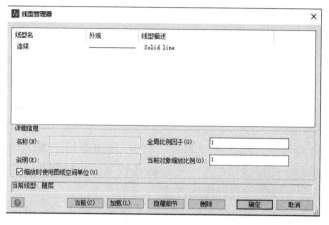

图 3-5 【选择线型】对话框

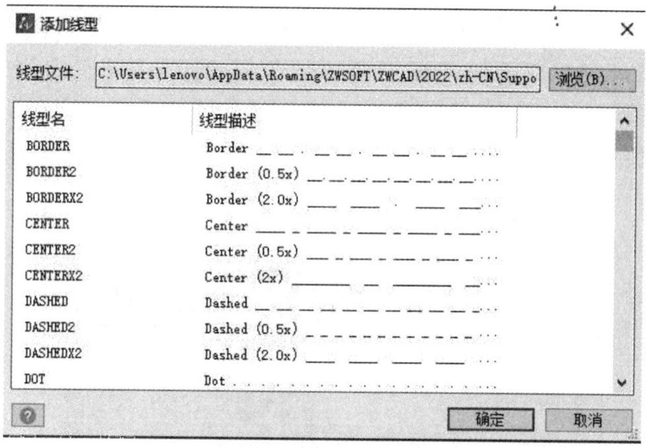

图 3-6 【加载或重载线型】对话框

技巧提示：

用户可以执行【格式】|【线型】菜单命令，将弹出【线型管理器】对话框，选择某种线型，并单击【显示细节】按钮，可以在【详细信息】设置区中设置线型比例。

（3）设置图层线条线宽。用户在绘制图形过程中，应根据不同对象绘制不同的线条宽度，以区分其特性。

在【图层特性管理器】对话框中，单击某个图层所对应的【线宽】图标，即可弹出【线宽】对话框，如图 3-7 所示，在其中选择相应的线宽，然后单击【确定】按钮即可。

当设置了线型的线宽后，应在状态栏中激活【线宽】，才能在视图中显示出所设置的线宽。

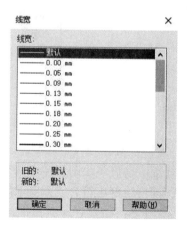

图 3-7 【线宽】对话框

✎ 4. 图层的管理

（1）切换当前图层。虽然一幅图中可以定义多个图层，但绘图只能在当前图层上进行。如果用户要在某一图层上绘图，必须将该图层设置为当前图层。打开【图层特性管理器】对话框，选中图层，单击【当前】按钮 ✅ ，即可将该图层设置为当前图层。

另外，双击图层显示框中的某一图层名称也可将该图层设置为当前图层；或在图层显示窗口中单击鼠标右键，在弹出的快捷菜单中点取【当前】项，也可置此图层为当前图层。

（2）删除图层。用户在绘制图形过程中，若发现有一些没有使用的多余图层，可以通过【图层特性管理器】对话框来删除图层。在【图层特性管理器】对话框中，使用鼠标选择需要删除的图层，然后单击【删除图层】按钮 🗑 或按 Alt+D 组合键即可。如果要同时删除多个图层，可以配合 Ctrl 键或 Shift 键来选择多个连续或不连续的图层。

在删除图层的时候，只能删除未参照的图层。参照图层包括"图层 0"级 DEFPOINTS、包含对象（包括块定义中的对象）的图层、当前图层和依赖外部参照的图层。不包含对象（包括块定义中的对象）的图层、非当前图层和不依赖外部参照的图层都可以用 PURGE 命令删除。

（3）打开/关闭图层。在【图层特性管理器】对话框中，单击相应图层的【打开/关闭图层】按钮 💡 ，可以控制图层的可见性。在打开状态下，灯泡的颜色为黄色 💡 ，该图层的对象将显示在视图中，也可以在输出设置上打印；在关闭状态下，灯泡的颜色转为灰色 💡 ，该图层的对象不能在视图中显示出来，也不能打印出来，但仍然作为图形的一部分保留在文件中。

例如，正在绘制一个楼层平面，可以将灯具配置画在一个图层上，而配管线位置画在另一图层上。选取图层开或关，可以从同一图形文件中打印出电工图与管路图。

（4）冻结/解冻图层。在【图层特性管理器】对话框中，单击相应图层的【冻结/解冻图层】按钮 ❄ ，可以冻结或解冻图层。在图层被冻结时，显示为雪花图标 ❄ ，其图层的图形对象不能被显示和打印出来，也不能编辑和修改图层上的图形对象；在图层被解冻时，显示为太阳图标 ☀ ，此时图层上的图形对象可以被编辑。

（5）锁定/解锁图层。在【图层特性管理器】对话框中，单击相应图层的【锁定/解锁图层】按钮 🔒 ，可以锁定或解锁图层。在图层被锁定时，显示为锁定图标 🔒 ，此时不能编辑锁定图层上的对象，但仍可以在锁定的图层上绘制新的图形对象。

（6）图层打印样式。打印样式控制对象的打印特性，包括颜色、抖动、灰度、笔号、虚拟笔、淡显、线型、线宽、线条端点样式、线条连接样式和填充样式。使用打印样式给用户提供了很大的灵活性，因为用户可以设置打印样式来替代其他对象特性，也可以按用户需要关闭这些替代设置。

（7）图层是否打印。在【图层特性管理器】对话框中，单击【打印/不打印】按钮 🖶 ，可以设定打印时该图层是否打印，以在保证图形显示可见不变的条件下，控制图形的打印特性。打印功能只对可见的图层起作用，对已被冻结或被关闭的图层不起作用。

二、文字样式的设置

在中望 CAD 中，可以事先设置图形中将要用到的文字样式，到后面文字标注的时候，可以直接调用设定的文字样式，而不必每次都从字体下拉列表中的一大堆字体中去选择。

创建和设置文字样式的方法如下：

- 命令：LSTYLE(ST)。
- 菜单：执行【格式】|【文字样式】菜单命令。
- 工具栏：单击【文字】工具栏的【文字样式】按钮。

执行上述操作后，将弹出【字体样式】对话框，如图3-8所示。单击【新建】按钮，将会弹出【新文字样式】对话框，在【样式名称】编辑框中输入要创建的新样式的名称，然后单击【确定】按钮，退出【新文字样式】对话框，重新返回【字体样式】对话框。在该对话框中，可以开始新建文字样式各参数的设置，包括字体、字符高度、字符宽度、倾斜角度、文本方向等。

图3-8 【字体样式】对话框

在【字体样式】对话框中，各选项内容的功能和含义如下：

- 当前样式名：该区域用于设定样式名称，用户可以从该下拉列表框选择已定义的样式或者单击【新建】按钮创建新样式。
- 新建：用于定义一个新的文字样式。单击该按钮，在弹出的【新文字样式】对话框的【样式名称】编辑框中输入要创建的新样式的名称，然后单击【确定】按钮。
- 重命名：用于更改图中已定义的某种样式的名称。在左边的下拉列表框中选取需更名的样式，再单击【确定】按钮，在弹出的【重命名文字样式】对话框的【样式名称】编辑框中输入新样式名，然后单击【确定】按钮即可。
- 删除：用于删除已定义的某样式。在左边的下拉列表框中选取需要删除的样式。然后单击【删除】按钮，系统将会提示是否删除该样式，单击【确定】按钮，表示确定删除；单击【取消】按钮，表示取消删除。
- 文本字体：该区域用于设置当前样式的字体、字体格式、字体高度。其内容如下：

字体名：该下拉列表框中列出了Windows系统的True Type(TTF)字体与中望CAD本身所带的字体。用户可在此选一种需要的字体作为当前样式的字体。

字型：该下拉列表框中列出了字体的几种样式，比如常规、粗体、斜体等字体。用户可任选一种样式作为当前字型的字体样式。

大字体：选用该复选框，用户可使用大字体定义字型。

● 文本度量：

文本高度：该编辑框用于设置当前字型的字符高度。

宽度因子：该编辑框用于设置字符的宽度因子，即字符宽度与高度之比。取值为 1 表示保持正常字符宽度，大于 1 表示加宽字符，小于 1 表示使字符变窄。

倾斜角：该编辑框用于设置文本的倾斜角度。大于 0 度时，字符向右倾斜；小于 0 度时，字符向左倾斜。

● 文本生成：

文本反向印刷：选择该复选框后，文本将反向显示。

文本颠倒印刷：选择该复选框后，文本将颠倒显示。

文本垂直印刷：选择该复选框后，字符将以垂直方式显示字符。True Type 字体不能设置为垂直书写方式。

● 文本预览：该区域用于预览当前字型的文本效果。

设置完样式后可以单击【应用】按钮将新样式加入当前图形。完成样式设置后，单击【确定】按钮，关闭字体样式对话框。

任务实施

运用中望 CAD 对图 3-1 的建筑总平面图进行绘图环境设置，具体步骤如下。

1. 新建绘图文件

Step 启动中望 CAD 软件，打开一空白文件，执行【文件】|【保存】菜单命令，或单击按钮，在弹出【图形另存为】对话框中输入"文件名"为"建筑总平面图"。单击保存(S)按钮后，图形文件被保存为"建筑总平面图 .dwg"文件。

2. 设置绘图区域界限及单位

Step01 执行【格式】|【单位】菜单命令，打开【图形单位】对话框，将长度单位类型设定为"小数"，精度为"0.000"，角度单位类型设定为"十进制度数"，精度为"0.00"，如图 3-9 所示，设置完成后单击确定按钮即可。

Step02 执行【格式】|【图形界限】菜单命令，依据提示，设定图形界限的左下角为（0，0），右上角为（297 000，210 000）。

技巧提示：

通常建筑总平面图是按照建筑物的实际大小绘制，但考虑到要在 A2 图纸（大小为 594 mm ×420 mm）上打印出图，而建筑总平面图绘图比

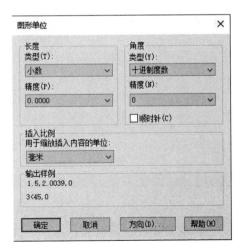

图 3-9 【图形单位】设置

例为 1 : 500，故设置图形界限为 297 000 mm×210 000 mm。

Step03 再在命令行输入 Z→空格→A，使输入的图形界限区域全部显示在图形窗口内。

3. 设置图层

在绘制建筑总平面图时，应建立表 3-1 所示的图层。

表 3-1 图层设置

序号	图层名	线宽	线型	颜色	打印属性
1	主道路	0.25 m	实线	白色	打印
2	辅助线	默认	点画线	红色	不打印
3	次道路	默认	实线	洋红色	打印
4	新建建筑	0.5 mm	实线	青色	打印
5	其他	默认	实线	白色	打印
6	绿化	默认	实线	绿色	打印
7	文字标注	默认	实线	白色	打印
8	尺寸标注	默认	实线	蓝色	打印

Step01 执行【格式】|【图层】菜单命令，或单击【图层】工具栏中的【图层特性管理器】按钮，打开【图层特性管理器】面板，根据表 3-1 所示来设置图层的名称、线宽、线型和颜色等，如图 3-10 所示。

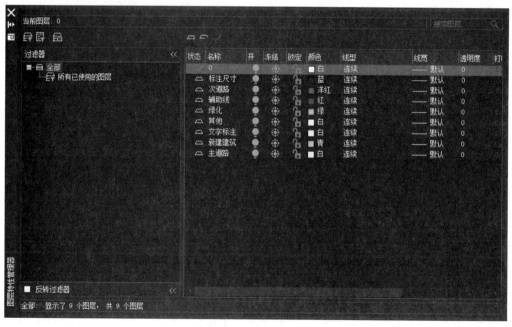

图 3-10 创建图层

技巧提示：

在图层线宽设置过程中，大部分图层的线宽可以设置为"默认线宽"。为了方便线宽的定义，默认线宽的大小可以根据需要进行设定，其设定方法为执行【格式】|【线宽】菜单命令，打开【线宽设置】对话框，在【线宽】列表框中选择相应的线宽数值，然后单击【确定】按钮，如图3-11所示。

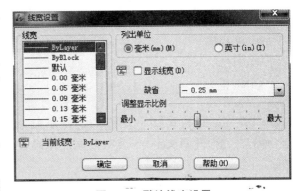

图3-11　默认线宽设置

Step02　执行【格式】|【线型】菜单命令，打开【线型管理器】对话框，单击【显示细节】按钮根据表3-1所示来设置图层的名称、线宽、线型和颜色等，如图3-12所示。

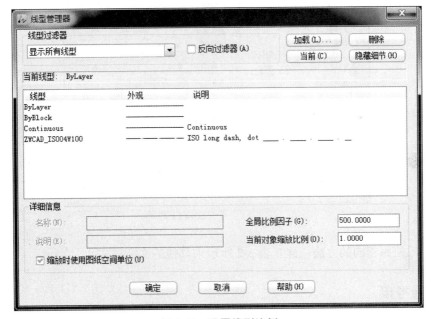

图3-12　设置线型比例

技巧提示：

在设置轴线线型时，为保证图形的整体效果，必须进行轴线线型的设定。中望CAD默认的全局线型缩放比例为1.0，通常线型比例应和打印相协调，如打印比例为1∶500，则线型比例大约设定为1 000。

4. 设置文字样式

由图3-1所示可知，该建筑总平面图上的文字有尺寸文字、图内文字说明、图名文字等，打印比例为1∶500，文字样式中的高度为打印到图纸上的文字高度与打印比例倒数的乘积。根据制图标准，该建筑总平面图的文字样式的规划见表3-2。

表 3-2 文字样式

文字样式名	打印到图纸上的文字高度	图形文字高度(文字样式高度)	字体
图内说明及图名	7 mm	3 500 mm	宋体
尺寸文字	3.5 mm	1 750 mm	宋体
图样说明	5 mm	2 500 mm	宋体

Step01 执行【格式】|【文字样式】菜单命令，打开【字体样式】对话框，单击【新建】按钮 新建(N)，打开【新文字样式】对话框，样式名定义为"图内说明及图名"，单击【确定】按钮。

Step02 在【文本高度】文本框中输入"3500.0000"，【宽度因子】文本框中输入"0.7000"，单击【应用】按钮，从而完成"图内说明及图名"文字样式的设置，如图 3-13 所示。

图 3-13 设置文字样式

Step03 使用相同的方法，建立表 3-2 所示中其他的文字样式。

任务考核

请按照以上绘图步骤，运用中望 CAD 对图 3-1 的建筑总平面图进行绘图环境设置。

任务二　绘制基本地形、道路、建筑、围墙

任务引入

在绘制该建筑物的总平面图时，前面已经设置了绘图的环境，接着就要绘制总平面图的地形、道路、主建筑、围墙等。

相关知识

一、直线命令

直线的绘制方法最简单，也是各种绘图中最常用的二维对象之一。可绘制任何长度的直线，也可输入点的 X、Y、Z 坐标，以指定二维或三维坐标的起点与终点。

1. 命令激活方式

- 命令：LINE(L)。
- 菜单：执行【绘图】|【直线(L)】菜单命令。
- 工具栏：单击【绘图】工具栏的【直线】按钮✐。

2. 操作步骤

激活命令后，命令行提示："_ LINE 指定第一个点："，通过鼠标点击屏幕或输入绝对直角坐标：[X]，[Y]，确定第 1 点。

接着，命令行提示："指定下一点或[角度(A)/长度(L)/闭合(C)/放弃(U)]："

其中命令行提示项的含义如下：

- 角度(A)：指的是直线段与当前 UCS 的 X 轴之间的角度。
- 长度(L)：指的是两点间直线的距离。
- 闭合(C)：将第一条直线段的起点和最后一条直线段的终点连接起来，形成一个封闭区域。
- 放弃(U)：撤消最近绘制的一条直线段。在命令行中输入 U，单击 Enter 键，则重新指定新的终点。
- <终点>：按 Enter 键后，命令行默认最后一点为终点。

3. 注意事项

(1)由直线组成的图形，每条线段都是独立对象，可对每条直线段进行单独编辑。

(2)在结束 LINE 命令后，再次执行 LINE 命令，根据命令行提示，直接按 Enter 键，则以上次最后绘制的线段或圆弧的终点作为当前线段的起点。

(3)在命令行提示下输入三维点的坐标，则可以绘制三维直线段。

二、多段线命令

多段线由直线段或弧连接组成，作为单一对象使用。可以绘制直线箭头和弧形箭头。

1. 命令激活方式

- 命令：PLINE(PL)。
- 菜单：执行【绘图】|【多段线(P)】菜单命令。
- 工具栏：单击【绘图】工具栏的【多段线】按钮⊅。

2. 操作步骤

激活命令后，命令行提示："指定起点："、"指定下一点或[圆弧(A)/闭合(C)/半宽(H)/长度(L)/放弃(U)/宽度(W)]："、"指定圆弧的端点或[角度(A)/圆心(CE)/方向(D)/半宽(H)/直线(L)/半径(R)/第二个点(S)/放弃(U)/宽度(W)]："等。

多段线命令的提示选项含义如下：

- 圆弧(A)：指定弧的起点和终点绘制圆弧段。
- 角度(A)：指定圆弧从起点开始所包含的角度。
- 圆心(CE)：指定圆弧所在圆的圆心。
- 方向(D)：从起点指定圆弧的方向。
- 半宽(H)：指从宽多段线线段的中心到其一边的宽度。
- 直线(L)：退出"弧"模式，返回绘制多段线的主命令行，继续绘制线段。
- 半径(R)：指定弧所在圆的半径。
- 第二个点(S)：指定圆弧上的点和圆弧的终点，以三个点来绘制圆弧。
- 宽度(W)：带有宽度的多段线。
- 闭合(C)：通过在上一条线段的终点和多段线的起点间绘制一条线段来封闭多段线。
- 距离(D)：指定分段距离。

3. 注意事项

系统变量 Fillmode 控制圆环和其他多段线的填充显示，设置 Fillmode 为关闭(OFF)，那么创建的多段线就为二维线框对象。

三、偏移命令

在中望 CAD 中，使用【偏移】命令可以将对象偏移指定的距离，或者通过某一点，创建一个与原对象类似的平行的新对象，其操作对象包括线段、圆、圆弧、多段线、多边形、椭圆、构造线、样条曲线等。若偏移的对象为圆，则创建同心圆。当偏移一个闭合多段线、多边形时，可建立一个与原对象形状相似的多段线、多边形，如图 3-14(a)、(b)、(c)所示。建筑绘图中，轴线、栏杆、楼梯投影线等图形绘制时，较多使用本命令。

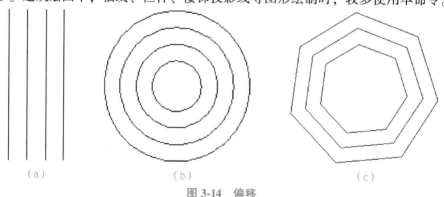

(a)　　　　　　　(b)　　　　　　　(c)

图 3-14　偏移

(a)"直线"偏移；(b)"圆"偏移；(c)"多边形"偏移

1. 命令启动方法

● 命令：OFFSET(O)。

● 菜单：执行【修改】|【偏移(S)】菜单命令。

● 工具栏：执行【修改】工具栏的【偏移】按钮 。

2. 操作步骤

执行上述其中一个操作后，命令行出现信息"指定偏移距离或［通过(T)］<通过>："。

(1)指定偏移距离。

步骤：1)输入偏移距离，例如 30，确认(Enter 键或者 Space 键)。

　　　2)选择要偏移的对象，例如直线。

　　　3)鼠标点击要偏移的方向。

　　　4)按 Enter 键结束命令。

(2)［通过(T)］<通过>。

步骤：1)输入字母 T，确认(Enter 键或者 Space 键)。

　　　2)选择要偏移的对象，例如直线。

　　　3)鼠标点击要通过的点。

　　　4)按 Enter 键结束命令。

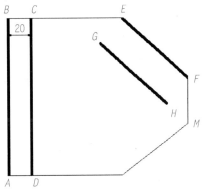

说明：通过指定点偏移时，偏移结果可能不通过该点，但该点必在延长线上。

图 3-15 所示为利用偏移命令绘制平行线示例。直线 *CD* 平行 *AB*，距离为 20 mm，直线 *GH* 平行 *EF*，通过点 *M*。

技巧提示：

连续偏移时，当偏移距离相等时，输入偏移距离后，选择偏移对象多次点击需要偏移的方向；若

图 3-15　偏移命令绘制平行线

偏移距离不同时，不需再输入偏移命令，只需按 2 次 Enter 键，输入新的偏移距离，完成偏移。

四、修剪命令

修剪命令是清理所选对象超出指定边界的部分。可以修剪的对象包括圆弧、圆、椭圆弧、直线、开放的二维和三维多段线、射线、样条曲线和构造线。有效的剪切对象包括二维和三维多段线、圆弧、圆、椭圆、布局视口、直线、射线、面域、样条曲线、文字和构造线。TRIM 命令可将剪切边和待修剪的对象投影到当前用户坐标系(UCS)的 XY 平面上。修剪效果如图 3-16 所示。

图 3-16　修剪效果

1. 命令启动方法

- 命令：TRIM(TR)。
- 菜单：执行【修改】│【修剪(T)】菜单命令。
- 工具栏：单击【修改】工具栏的【修剪】按钮 ┼。

2. 操作步骤

执行上述其中一个操作后，命令行信息：

当前设置：投影＝＜当前＞，边＝＜无＞

选择剪切边...

选择对象或＜全部选择＞：选择修剪的对象，或按 Enter 键选取当前图形文件中所有可做修剪的对象。

选择要修剪的对象，或按住 Shift 来选择要延伸的对象或［栏选(F)/窗交(C)/投影(P)/边缘模式(E)/删除(R)/撤销(U)］：选择要修剪的对象或按住 Shift 键选取要延伸的实体，或输入选项。

其中命令行提示项的含义如下：

- 要修剪的对象：指定要修剪的对象。在用户按 Enter 键结束选择前，系统会不断提示指定要修剪的对象，所以用户可指定多个对象进行修剪。在选择对象的同时按 Shift 键可将对象延伸到最近的边界，而不修剪它，如图 3-17 所示。

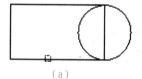 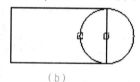 

(a) (b) (c)

图 3-17 修剪

(a)选择剪切过；(b)选择要修剪的对象；(c)修剪结果

在选择对象时，若选择点位于对象端点和剪切边之间，TRIM 命令将删除延伸对象超出剪切边的部分。如果选定点位于两个剪切边之间，则删除它们之间的部分，保留两边以外的部分，使对象一分为二。

若选取的修剪对象为二维宽多段线，系统将按其中心线进行修剪。若多段线是锥形的，修剪边处的宽度在修剪之后保持不变。宽多段线端点总是矩形的，以某一角度剪切宽多段线会导致端点部分超出剪切边。修剪样条拟合多段线将删除曲线拟合信息，并将样条拟合线段改为普通多段线线段。

- 边缘模式(E)：修剪对象的假想边界或与之在三维空间相交的对象。
- 延伸：修剪对象在另一对象的假想边界。
- 不延伸：只修剪对象与另一对象的三维空间交点。
- 栏选(F)：指定围栏点，将多个对象修剪成单一对象。

在用户按 Enter 键结束围栏点的指定前，系统将不断提示用户指定围栏点。

- 窗交(C)：通过指定两个对角点来确定一个矩形窗口，选择该窗口内部或与矩形窗口相交的对象。

● 撤销(U)：撤消使用 TRIM 最近对对象进行的修剪操作。

技巧提示：

在使用修剪命令时，也可以先单击【修改】工具栏的【修剪】按钮 /，然后确认(按 Space 键、Enter 键或者在绘图区域右击鼠标)，最后再单击，或者窗口选择需要修剪掉的部分。用户可以自行选择。

3. 注意

(1)在用户按 Enter 键结束选择前，系统会不断提示指定要修剪的对象，所以用户可指定多个对象进行修剪。在选择对象的同时按 Shift 键可将对象延伸到最近的边界，而不修剪它。

(2)要选择图形中的所有对象作为可能的剪切边，请按 Enter 键而不选择任何对象。

五、延伸命令

延伸是以某个图形为边界，将线段、弧、二维多段线或射线延伸，使之延伸到此边界。可将多段线、弧、圆、椭圆、构造线、线、射线、样条曲线或图纸空间的视图当作边界对象。

1. 命令启动方法

● 命令：EXTEND(EX)。
● 菜单：执行【修改】|【延伸(D)】菜单命令。
● 工具栏：单击【修改】工具栏的【延伸】按钮 /。

2. 操作步骤

执行上述其中一个操作后，命令行信息：

"选择对象："，选取边界对象，或按 Enter 键。

"选择要延伸的对象，或按住 Shift 键选择要修剪的对象，或[栏选(F)/窗交(C)/投影(P)/边(E)/撤消(U)]："，选取要延伸的对象，或按住 Shift 键选择要修剪的实体选项，或输入选项。

其中命令行提示项的含义如下：

● 选择对象：选定对象，使之成为对象延伸的边界的边。其中有效的边界对象包括二维多段线、三维多段线、圆弧、块、圆、椭圆、布局视口、直线、射线、面域、样条曲线、文字和构造线。

若选定的边界对象为二维多段线，系统自动将对象延伸到多段线的中心线，其宽度可不考虑。

● 选择要延伸的对象：选择要进行延伸的对象，在选择时，用户可根据系统提示选取多个对象进行延伸。同时，还可按住 Shift 键选定对象将其修剪到最近的边界边。若要结束选择，按 Enter 键即可，如图 3-18(a)所示。

如果延伸的对象为一个锥状多段线线段，系统将以以前的锥状方向整体宽度延伸到新端点。可能会导致线段端点宽度为负，端点宽度为零。

若要延伸的对象为一个样条曲线拟合的多段线，将为多段线的控制框架添加一个新顶点，如图3-18(b)所示。

●边(E)：若边界对象的边和要延伸的对象没有实际交点，但又要将指定对象延伸到两对象的假想交点处，可选择"边"，如图3-18(c)所示。

●延伸：以选取对象的实际轨迹延伸至与边界对象选定边的延长线交点处，如图3-18(d)所示。

●不延伸：只延伸到与边界对象选定边的实际交点处，若无实际交点，则不延伸，如图3-18(e)所示。

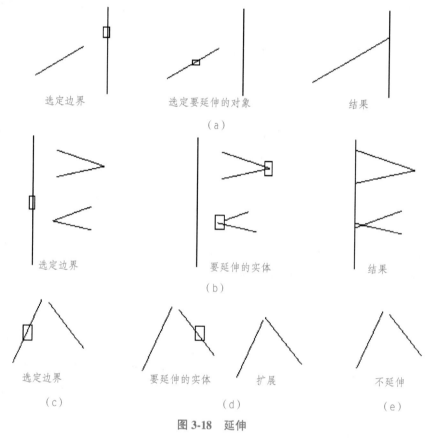

图 3-18 延伸

●栏选(F)：进入"栏选"模式，可以选取栏选点，栏选点为要延伸的对象上的开始点，延伸多个对象到一个对象。

系统会不断提示您继续指定栏选点，直到延伸所有对象为止。要退出栏选模式，请按Enter键。

●窗交(C)：进入"窗交"模式，通过从右到左指两个点定义选择区域内的所有对象，延伸所有的对象到边界对象。

●投影(P)：选择对象延伸时的投影方式。

●删除(R)：在执行EXTEND命令的过程中选择对象将其从图形中删除。

●撤消(U)：放弃之前使用EXTEND命令对对象的延伸处理。

技巧提示：

在使用延伸命令时，也可以先单击【修改】工具栏的【延伸】按钮 ，然后确认（按 Space 键、Enter 键或者在绘图区域右击鼠标），最后再单击，或者窗口选择需要延伸的部分。用户可以自行选择。

3. 注意事项

在选择时，用户可根据系统提示选取多个对象进行延伸。同时，还可按住 Shift 键选定对象将其修剪到最近的边界边。若要结束选择，按 Enter 键即可。

六、倒角命令、圆角命令

1. 倒角命令

在两线交叉、放射状线条或无限长的线上建立倒角。

(1)命令启动方法。

- 命令：CHAMFER(CHA)。
- 菜单：执行【修改】|【倒角(C)】菜单命令。
- 工具：单击【修改】工具栏的【倒角】按钮 。

(2)操作步骤。执行上述其中一个操作后，命令行信息提示的各项含义和功能说明如下：

- 选取第一个对象：选择要进行倒角处理的对象的第一条边，或要倒角的三维实体边中的第一条边。
- 多段线(P)：为整个二维多段线进行倒角处理。
- 距离(D)：创建倒角后，设置倒角到两个选定边的端点的距离。
- 角度(A)：指定第一条线的长度和第一条线与倒角后形成的线段之间的角度值。
- 修剪(T)：由用户自行选择是否对选定边进行修剪，直到倒角线的端点。
- 方式(M)：选择倒角方式。倒角处理的方式有两种，"距离-距离"和"距离-角度"。
- 多个(U)：可为多个两条线段的选择集进行倒角处理。

(3)注意事项。

①若要做倒角处理的对象没有相交，系统会自动修剪或延伸到可以做倒角的情况。

②若为两个倒角距离指定的值均为 0，选择的两个对象将自动延伸至相交。

③用户选择"放弃"时，使用倒角命令为多个选择集进行的倒角处理将全部被取消。

2. 圆角命令

为两段圆弧、圆、椭圆弧、直线、多段线、射线、样条曲线或构造线以及三维实体创建以指定半径的圆弧形成的圆角。

(1)命令启动方法。

- 命令：FILLET(F)。
- 菜单：执行【修改】|【圆角(F)】菜单命令。
- 工具：单击【修改】工具栏的【圆角】按钮 。

（2）操作步骤。执行上述其中一个操作后，命令行信息提示的各项含义和功能说明如下：

- 选取第一个对象：选取要创建圆角的第一个对象。
- 多段线（P）：在二维多段线中的每两条线段相交的顶点处创建圆角。
- 半径（R）：设置圆角弧的半径。
- 修剪（T）：在选定边后，若两条边不相交，选择此选项确定是否修剪选定的边使其延伸到圆角弧的端点。
- 多个（U）：为多个对象创建圆角。

（3）注意事项。

①若选定的对象为直线、圆弧或多段线，系统将自动延伸这些直线或圆弧直到它们相交，然后再创建圆角。

②若选取的两个对象不在同一图层，系统将在当前图层创建圆角线。同时，圆角的颜色、线宽和线型的设置也是在当前图层中进行。

③若选取的对象是包含弧线段的单个多段线，创建圆角后，新多段线的所有特性（例如图层、颜色和线型）将继承所选的第一个多段线的特性。

④若选取的对象是关联填充（其边界通过直线线段定义），创建圆角后，该填充的关联性不再存在。若该填充的边界以多段线来定义，将保留其关联性。

⑤若选取的对象为一条直线和一条圆弧或一个圆，可能会有多个圆角的存在，系统将默认选择最靠近选中点的端点来创建圆角。

七、删除命令

删除命令用于删除图形文件中选取的对象。

1. 命令启动方法

- 命令：ERASE（E）。
- 菜单：执行【修改】│【删除（E）】菜单命令。
- 工具栏：单击【修改】工具栏的【删除】按钮 。

2. 操作步骤

（1）执行 ERASE 命令。
（2）选取删除对象。
（3）按 Enter 键删除对象。

3. 注意事项

使用 OOPS 命令，可以恢复最后一次使用"删除"命令删除的对象。如果要连续向前恢复被删除的对象，则需要使用取消命令 UNDO。

八、样条曲线

样条曲线是由一组点定义的一条光滑曲线。可以用样条曲线生成一些地形图中的地形线，绘制盘形凸轮轮廓曲线，作为局部剖面的分界线等。

1. 命令启动方法

- 命令：SPLINE(SPL)。
- 菜单：执行【绘图】│【样条曲线(S)】菜单命令。
- 工具：单击【绘图】工具栏的【样条曲线】按钮 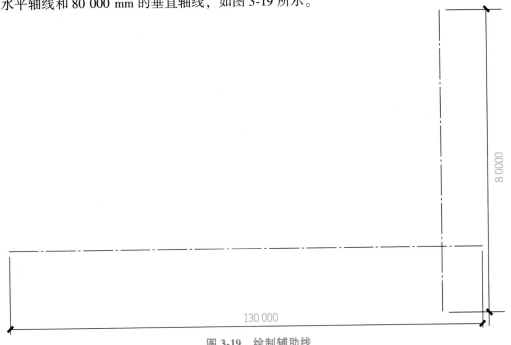 。

2. 操作步骤

样条曲线命令的选项介绍如下：

- 闭合(C)：生成一条闭合的样条曲线。
- 拟合公差(F)：键入曲线的偏差值。值越大，曲线就相对越平滑。
- 起始切点：指定起始点切线。
- 终点相切：指定终点切线。

任务实施

运用中望 CAD 对图 3-1 建筑总平面图中的地形、主建筑、道路、围墙等进行抄绘，具体步骤如下：

1. 绘制基本地形、道路

Step01　单击【图层】工具栏的【图层控制】下拉列表框，将【辅助线】图层设置为当前图层。

Step02　按【F8】键切换到正交模式；执行【直线】命令(L)，绘制长度为 130 000 mm 的水平轴线和 80 000 mm 的垂直轴线，如图 3-19 所示。

80 0000

130 000

图 3-19　绘制辅助线

Step03 执行【偏移】命令（O），将水平轴线向上偏移 35 000 mm，垂直轴线向左偏移 15 000 mm、51 000 mm 和 16 000 mm，如图 3-20 所示。

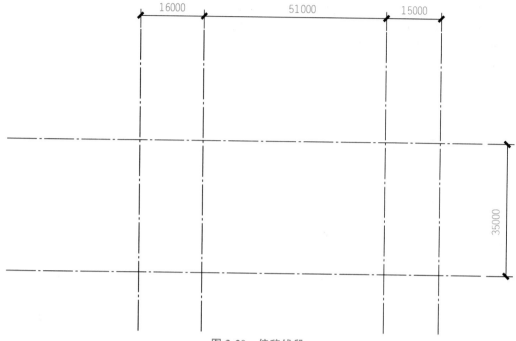

图 3-20 偏移线段

Step04 执行【偏移】命令（O），将水平轴线分别向上、下偏移 1 750 mm、1 250 mm，垂直轴线分别向左、右偏移 1 750 mm、1 250 mm，如图 3-21 所示。

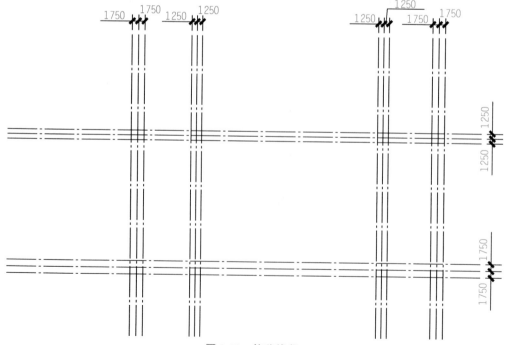

图 3-21 偏移线段

Step05　执行【修剪】命令（TR），修剪十字口处的多余线段；将外侧的线段转换为【主道路】图层，内侧的线段转换为【次道路】图层，如图 3-22 所示。

Step06　单击【图层】工具栏的【图层控制】下拉列表框，将【主道路】图层设置为当前图层。执行【圆角】命令（F），对十字交叉路口的道路进行半径为 4 000 mm 和 1 000 mm 的圆角操作，结果如图 3-23 所示。

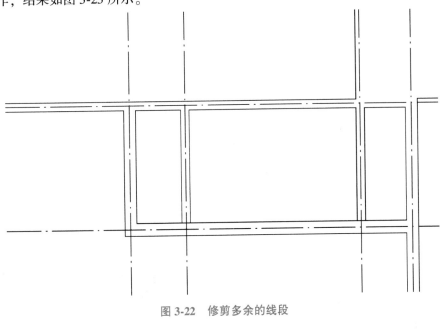

图 3-22　修剪多余的线段

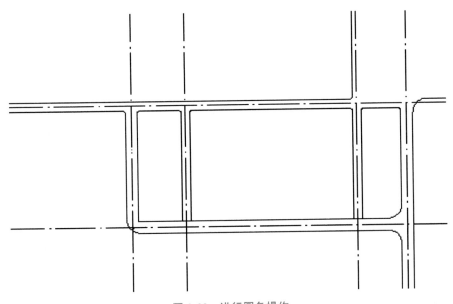

图 3-23　进行圆角操作

2. 绘制主建筑

前面绘制了总平面图的基本地形和道路，接下来绘制建筑物的平面轮廓。

Step01 单击【图层】工具栏的【图层控制】下拉列表框，选择【新建建筑】图层为当前图层。

Step02 执行【偏移】命令（O），将位于最下侧道路的下边缘线向下偏移 4 000 mm，位于最右侧道路的左边缘线向左偏移 1 000 mm；单击工具栏中【延伸】按钮，使两条偏移后的线段延长相交，如图 3-24 所示。

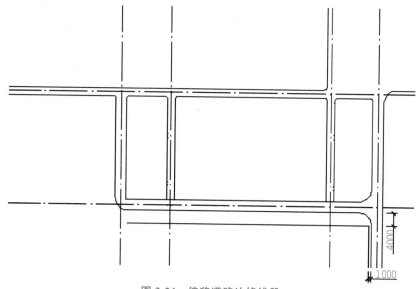

图 3-24 偏移道路边缘线段

Step03 执行【多段线】命令（PL），绘制如图 3-25 所示的图形。

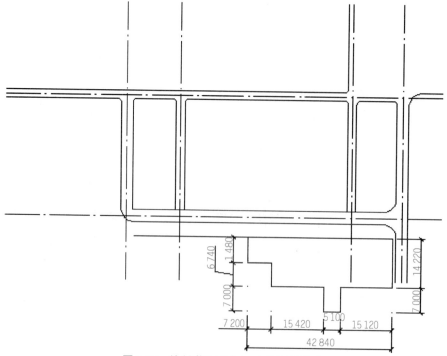

图 3-25 绘制学生宿舍（一）的平面轮廓

Step04   执行【偏移】命令(O)，将位于最上侧道路的下边缘线向下偏移 8 000 mm，位于最左侧道路的左边缘线向左偏移 1 000 mm；执行【多段线】命令(PL)，绘制如图 3-26 所示的图形；删除确定新建建筑物位置的偏移辅助线。

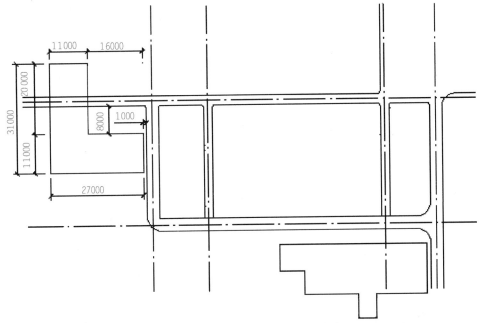

图 3-26   绘制学生宿舍(二)的平面轮廓

Step05   单击【图层】工具栏的【图层控制】下拉列表框，选择【其他】图层为当前图层。执行【偏移】命令(O)，将位于最上侧道路的下边缘线向下偏移 14 500 mm，位于最右侧道路的左边缘线向左偏移 7 500 mm；执行【多段线】命令(PL)，绘制如图 3-27 所示的图形。

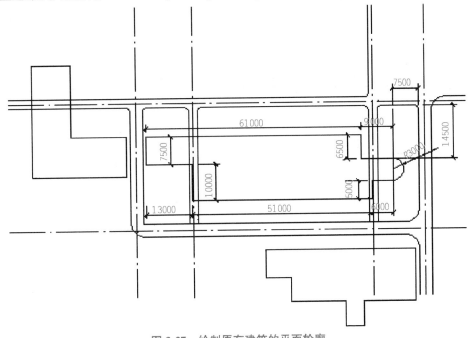

图 3-27   绘制原有建筑的平面轮廓

Step06 删除确定建筑物位置的两条辅助线；修剪穿过新建建筑物和原有建筑物的道路，关闭【辅助线】图层，图形如图3-28所示。

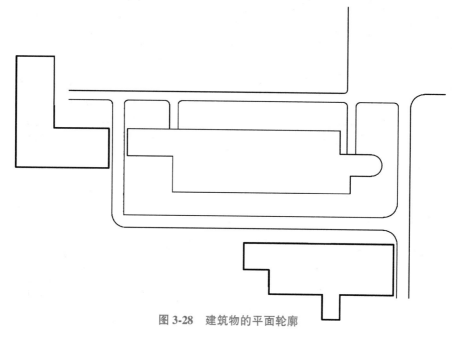

图3-28 建筑物的平面轮廓

3. 绘制次要道路

Step01 单击【图层】工具栏的【图层控制】下拉列表框，选择【次要道路】图层为当前图层。

Step02 使用【直线】、【样条曲线】、【修剪】、【圆角】命令，绘制出其他次要道路，如图3-29所示。

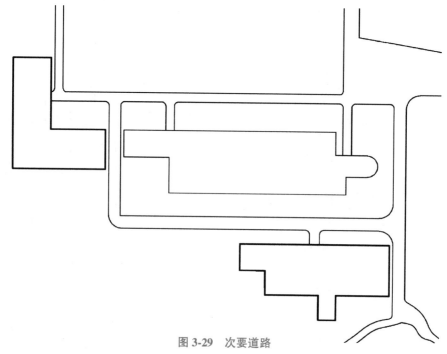

图3-29 次要道路

4. 绘制围墙

Step01 单击【图层】工具栏的【图层控制】下拉列表框，选择【其他】图层为当前图层。

Step02 使用【直线】、【修剪】命令，绘制出围墙和折断线等，如图 3-30 所示。

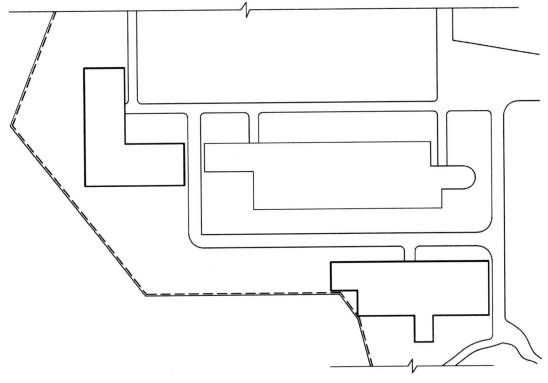

图 3-30 围墙与折断线

任务考核

上机操作：用偏移命令完成图 3-31 所示的图形。

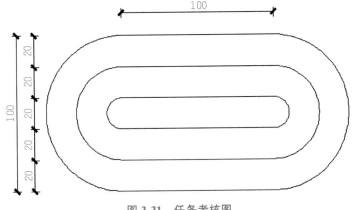

图 3-31 任务考核图

任务三 布置绿化

任务引入

绿化在现代小区规划设计中是极其重要且不可缺少的一部分。在绘制完总平面图的地形、道路、主建筑、围墙等位置后，就应进行建筑所在区域内绿化的布置。

相关知识

一、圆命令

1. 命令激活方式

- 命令：CIRCLE(C)。
- 菜单：执行【绘图】|【圆(C)】菜单命令，【圆】菜单下的子菜单如图 3-32 所示。
- 工具栏：单击【绘图】工具栏的【圆】按钮 ⊙ 。

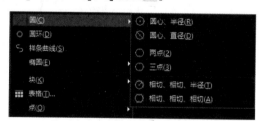

图 3-32 【绘图】菜单下【圆】子菜单

2. 操作步骤

激活命令后，命令行提示："指定圆的圆心或 [三点(3P)/两点(2P)/切点、切点、半径(T)]："。

其中命令行提示项的含义如下：

- 指定圆的圆心：通过定义圆的圆心和半径(或直径)创建圆对象。

(1)圆心、半径：基于圆心和半径绘制圆。本选项为默认设置。当确定圆心后，可直接拖动鼠标确定半径，或者用键盘输入半径值，如图 3-33(a)所示。

(2)圆心、直径：基于圆心和直径绘制圆。确定圆心后，输入"D"切换到输入直径状态。

- 三点(3P)：通过指定圆周上的三个点来绘制圆。

基于圆周上的三点绘制圆。指定圆上的第一个点：指定第 1 点；指定圆上的第二个点：指定第 2 点；指定圆上的第三个点：指定第 3 点，如图 3-33(b)所示。

●两点(2P)：通过指定圆直径上的 2 个点绘制圆。

基于圆周直径上两个端点绘制圆，指定圆的直径的第一个端点：指定点 1；指定圆的直径的第二个端点：指定点 2，如图 3-33(c)所示。

●切点、切点、半径(T)：指定与创建的圆相切的两个对象和半径来绘制圆。指定对象与圆的第一个切点：选择一个圆、圆弧或者直线；指定对象与圆的第二个切点：选择一个圆、圆弧或者直线，如图 3-33(d)所示。

●相切、相切、相切：在命令行信息中没有提到该选项，但是如图 3-32 绘图菜单下圆子菜单中有该用法。指定对象与圆的第一个切点：选择一个圆、圆弧或者直线；指定对象与圆的第二个切点：选择一个圆、圆弧或者直线；指定对象与圆的第三个切点：选择一个圆、圆弧或者直线，如图 3-33(e)所示。

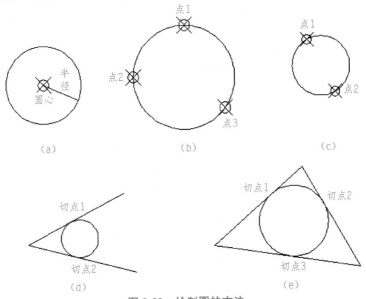

图 3-33　绘制圆的方法

3. 注意事项

(1)如果放大圆对象或者放大相切处的切点，有时看起来不圆滑或者没有相切，这其实只是一个显示问题，只需在命令行输入 REGEN(RE)，按 Enter 键，圆对象即可变为光滑。也可以把 VIEWRES 的数值调大，画出的圆就更加光滑了。

(2)绘图命令中嵌套着撤销命令 UNDO，如果画错了不必立即结束当前绘图命令，重新再画，可以在命令行里输入 U，按 Enter 键，撤销上一步操作。

二、圆弧命令

1. 命令激活方式

●命令：ARC(A)。

- 菜单：执行【绘图】|【圆弧（A）】菜单命令，【绘图】菜单下的子菜单如图 3-34 所示。
- 工具栏：单击【绘图】工具栏的【圆弧】按钮。

2. 操作步骤

弧形墙体或者门扇是建筑绘图中常见的圆弧形图形。中望 CAD 提供了丰富的绘制圆弧的方式，如图 3-34 所示。

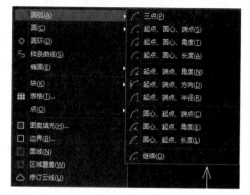

图 3-34 【绘图】菜单下【圆弧】子菜单

与圆命令不同，圆弧不是一个封闭的图形，绘制时涉及起点和终点，有顺时针和逆时针方向的区别。读者可以自己揣摩。

各选项的功能如下：

- 【三点】命令绘制圆弧。通过输入圆弧的起点、端点和圆弧上的任一点来绘制圆弧。【三点】命令绘制圆弧是系统默认的绘制圆弧的方法。
- 【起点、圆心、端点】绘制圆弧。通过圆弧所在圆的圆心和圆弧的起点、端点来绘制圆弧。
- 【起点、圆心、角度】绘制圆弧。通过输入圆弧所在圆的圆心、圆弧的起点以及圆弧所对圆心角的角度来绘制圆弧。
- 【起点、圆心、长度】绘制圆弧。通过输入圆弧所在圆的圆心、圆弧的起点以及圆弧所对的弦长来绘制圆弧。输入的弦长不能超过圆弧所在圆的直径。
- 【起点、端点、角度】绘制圆弧。通过输入圆弧的起点、端点以及圆弧所对圆心角的角度来绘制圆弧。
- 【起点、端点、方向】绘制圆弧。通过输入圆弧的起点、端点与通过起点的切线方向来绘制圆弧。
- 【起点、端点、半径】绘制圆弧。通过输入圆弧的起点、端点以及圆弧的半径来绘制圆弧。
- 【圆心、起点、端点】绘制圆弧。通过输入圆弧所在的圆心以及圆弧的起点、端点来绘制圆弧。
- 【圆心、起点、角度】绘制圆弧。通过输入圆弧所在的圆心、圆弧的起点以及圆弧所对圆心角的角度来绘制圆弧。
- 【圆心、起点、长度】绘制圆弧。通过输入圆弧所在的圆心、圆弧的起点以及圆弧所对的弦长来绘制圆弧。
- 【继续】是继续绘制与最后绘制的直线或曲线的端点相切的圆弧。

技巧提示：

输入圆心角时，以逆时针方向为正，顺时针方向为负；输入弦长值时，弦长值不能大于直径，按逆时针方向绘制。弦长值为正值时，画小弧；弦长值为负值时，画大弧。输入半径时，按逆时针方向，半径值为正值时，画小弧；半径值为负值时，画大弧。

3. 举例——绘制宽度 900 的门扇

（1）用【圆】命令绘制门扇，如图 3-35 所示。

步骤：①用【直线】命令绘制长 900 mm 的互相垂直的两条直线。

②以角点为圆心，用【圆】命令绘制半径为 900 mm 的圆。

③用【修剪】命令，修剪。

(2)用【圆弧】命令绘制门扇，如图 3-36 所示。

步骤：①用【直线】命令绘制长 900 mm 的互相垂直的两条直线。

②用【起点、端点、角度】(90 度)绘制圆弧。

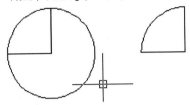

图 3-35　用【圆】命令绘制门扇　　　　图 3-36　用【圆弧】命令绘制门扇

三、云线命令

云线是由连续圆弧组成的多段线。用于检查阶段时提醒用户注意图形中圈阅部分。

1. 命令激活方式

- 命令：REVCLOUD。
- 菜单：执行【绘图】|【修订云线(V)】菜单命令。
- 工具栏：单击【绘图】工具栏的【修订云线】按钮。

2. 操作步骤

云线命令的选项介绍如下：

- 弧长(A)：指云线上凹凸的圆弧弧长。
- 对象(O)：选择已知对象作为云线路径。

3. 注意事项

云线对象实际上是多段线，可用多段线编辑(PEDIT)编辑。

◆本任务还涉及复制、图案填充等知识点，将在项目四和项目六中详细介绍。

任务实施

1. 绘制树木

独立的树木在图上用简单的圆圈表示，因为要种植成排的行道树，所以利用【圆】命令和【复制】命令来绘制树。

Step01　单击【图层】工具栏的【图层控制】下拉列表框，选择【绿化】图层为当前图层。

Step02　使用【圆】命令绘制一棵直径为 2 500 mm 圆圈树；利用【复制】命令，绘制其他树，如图 3-37 所示。

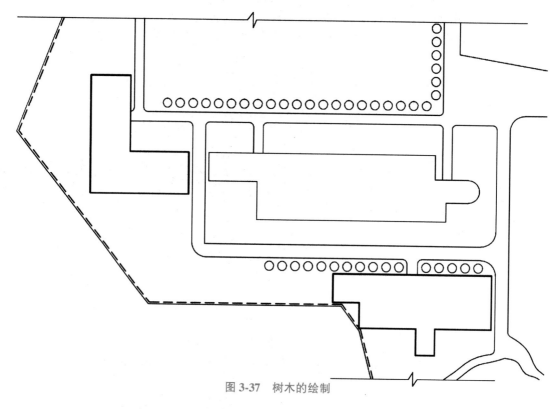

图 3-37 树木的绘制

2. 布置绿化

使用【图案填充】命令，打开【填充】对话框，设置如图 3-38 所示；采用【拾取点】的方式选定需要布置绿化草坪的边界，布置绿化后的效果如图 3-39 所示。

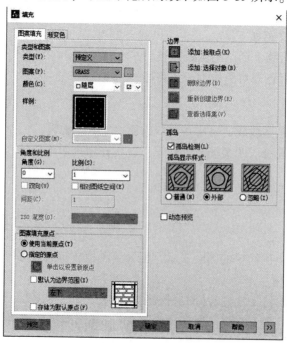

图 3-38 【填充】对话框

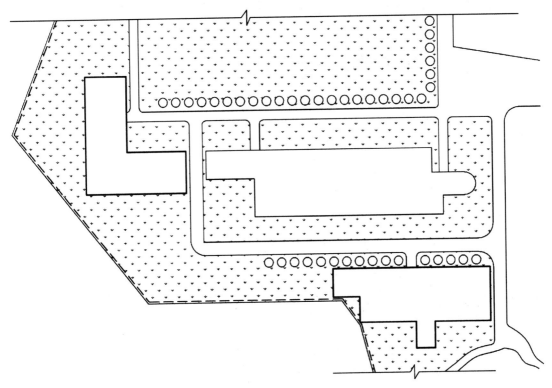

图 3-39　布置绿化后的效果

任务考核

上机操作：用【圆】、【云线】命令完成图 3-40 所示的图形。

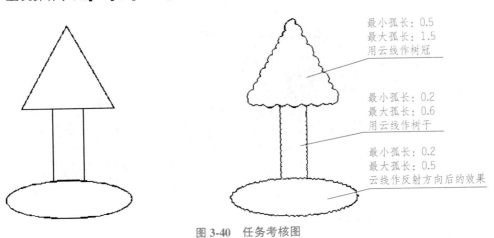

最小弧长：0.5
最大弧长：1.5
用云线作树冠

最小弧长：0.2
最大弧长：0.6
用云线作树干

最小弧长：0.2
最大弧长：0.5
云线作反射方向后的效果

图 3-40　任务考核图

任务四 绘制指北针和标注

任务引入

图样绘制完成后，就要为图形标注尺寸、说明性文字，以及指北针。

相关知识

本任务中涉及尺寸标注、文字标注等知识点，将在项目四中作详细介绍。

任务实施

在绘制好建筑物和绿化后，接下来对总平面图进行尺寸、文字标注，绘制指北针。

1. 设置尺寸标注样式

Step01　执行【格式】|【标注样式】菜单命令，打开【标注样式管理器】对话框，单击【新建】按钮，打开【创建新标注样式】对话框，新建样式名定义为"建筑总平面图标注-500"，如图 3-41 所示。

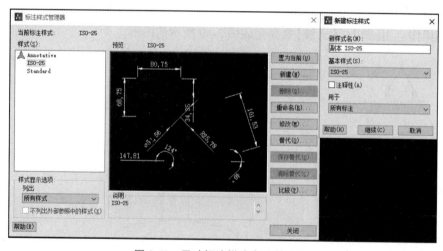

图 3-41　尺寸标注样式名称的建立

Step02　当单击【继续】按钮后，则进入【新建标注样式】对话框，然后分别在各选项卡中设置相应的参数，见表 3-3。

表 3-3 "建筑总平面图标注-500"标注样式的设置

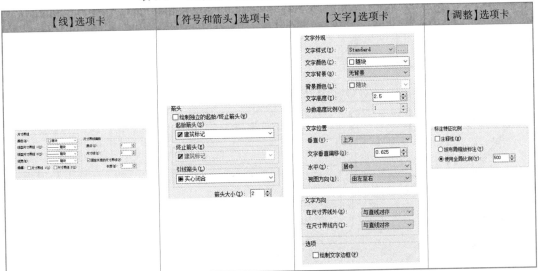

【线】选项卡	【符号和箭头】选项卡	【文字】选项卡	【调整】选项卡

🔍 2. 尺寸标注

Step01 单击【图层】工具栏的【图层控制】下拉列表框，选择【尺寸标注】图层为当前图层。

Step02 在【标注】工具栏中单击【线型】按钮和【连续】按钮，对图形进行尺寸标注，如图 3-42 所示。

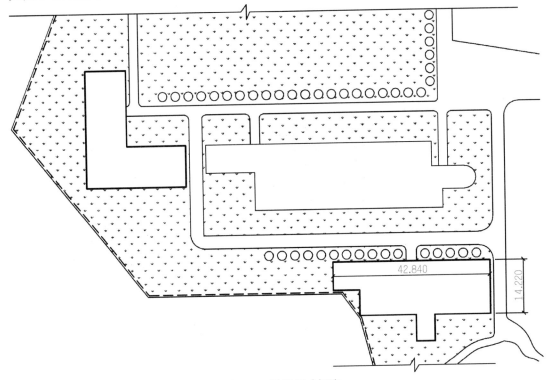

图 3-42 进行尺寸标注

Step03　对图形进行标高标注，如图 3-43 所示。

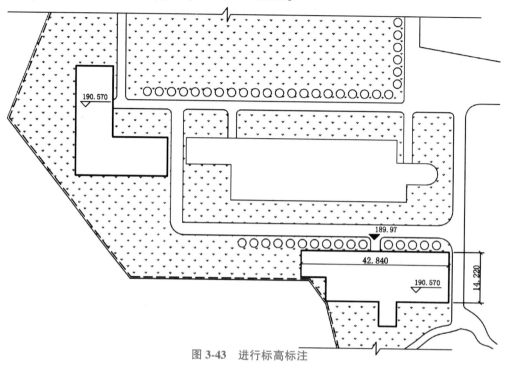

图 3-43　进行标高标注

3. 文字标注

Step01　单击【图层】工具栏的【图层控制】下拉列表框，选择【文字标注】图层为当前图层。

Step02　执行【单行文字】命令（DT），对图形进行图内说明，如图 3-44 所示。

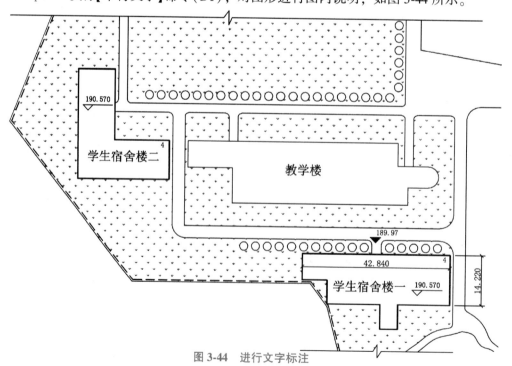

图 3-44　进行文字标注

4. 绘制指北针和图名标注

Step01　执行【绘图】|【文字】|【单行文字】菜单命令，设置其对正方式为【居中】，然后在相应的位置输入"总平面图"和比例"1：500"，然后分别选择相应的文字对象，按 Ctrl+1 键打开【特性】面板，并修改相应文字大小为"3 500"和"2 500"，如图 3-45 所示。

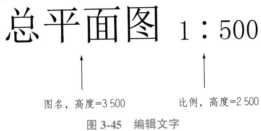

图 3-45　编辑文字

Step02　使用【多线】命令（PL），在图名的下侧绘制一条宽度为 1 000 的水平多段线，效果如图 3-46 所示。

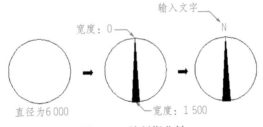

图 3-46　多线的绘制

Step03　执行【圆】命令（C），在相应的位置绘制直径为"6 000 mm"的圆；再执行【多段线】命令（PL），圆的上侧"象限点"作为起始点，下侧"象限点"作为端点，多段线起始点宽度为 0，下侧宽度为 1 500 mm，再执行【单行文字】命令（DT），圆上侧输入"N"。从而完成指北针的绘制，如图 3-47 所示。

图 3-47　绘制指北针

🔧 任务考核

请按照以上绘图步骤，运用中望 CAD 对图 3-1 的建筑总平面图进行绘制。

✏️ 复习思考

1. 选择题

（1）OFFSET 命令不可以（　　）。

A. 复制直线 　　　B. 删除图形 　　　C. 创建等距曲线 　　　D. 画平行线

(2)使用 OFFSET 命令，不能"偏移"(　　　　)图形对象。

A. 剖面线 　　　　B. 圆弧 　　　　　C. 多线段 　　　　　D. 圆

(3)在下列命令中，不具有修剪功能的是(　　　　)。

A.【修剪】命令 　　B.【倒角】命令 　　C.【圆角】命令 　　D.【偏移】命令

(4)下列对 OFFSET 命令说法错误的是(　　　　)。

A. 可以按照指定的通过点偏移对象 　　　B. 可以按照指定的距离偏移对象

C. 可以将偏移源对象删除 　　　　　　　D. 可以按照指定的对称轴偏移对象

2. 填空题

(1)_____图层既不能被删除也不能重命名。

(2)需要删除某一图层时，可以按组合键_____。

(3)被冻结图层上的图形对象_____("能"或"不能")被显示和打印出来，_____("能"或"不能")编辑和修改图层上的图形对象。

(4)在图层被锁定时，_____("能"或"不能")编辑锁定图层上的对象，_____("能"或"不能")在锁定的图层上绘制新的图形对象。

(5)标注文本之前，需要先给文本字体定义一种样式，字体的样式包括_____、字符高度、字符_____、倾斜角度、文本方向等参数。

3. 上机练习题

(1)新建两个图层，进行相应的图层设置，分别命名为"中心线"和"轮廓线"，用于绘制中心线和轮廓线。根据中心线和轮廓线的特点，将中心线设置为红色、DASHDOT 线型，将轮廓线设置为蓝色、Continuous 线型。

(2)创建文字样式。样式参数：样式名为"建筑说明"，字体名为"仿宋"，字高为"300"，高宽比为"1.0"。

项目四

绘制建筑平面图

项目导读

　　建筑平面图是建筑施工图的基本样图，它是假想用一水平的剖切面沿门窗洞位置将房屋剖切后，对剖切面以下部分所作的水平投影图。它反映出房屋的平面形状、大小和内部布局；墙、柱的位置、尺寸和材料；门窗的类型和位置等。

　　建筑平面图按工种一般可分为建筑施工图、结构施工图和设备施工图。本项目是指用作施工使用的房屋建筑平面图，一般有：底层平面图(表示第一层房间的布置、建筑入口、门厅及楼梯等)、标准层平面图(表示中间各层的布置)、顶层平面图(房屋最高层的平面布置图)以及屋顶平面图(即屋顶平面的水平投影)。

　　本项目运用中望CAD绘制某学校宿舍区的建筑平面图实例，详细讲解了建筑平面图的绘制步骤与方法，包括：(1)设置绘图环境；(2)绘制轴线及柱网；(3)绘制墙体、门窗；(4)绘制楼梯、散水等；(5)尺寸标注，文字标注；(6)定位轴号绘制；(7)图幅、图框、图标等；最后，在任务考核中让读者自行练习，检验学习情况，达到熟练绘制建筑平面图的目的。

学习目标

- ●熟练设置平面图的绘图环境。
- ●熟练运用直线、构造线等命令来绘制轴线。
- ●熟练运用多线、分解等命令绘制墙线、窗线。
- ●熟练运用创建块、编辑块来生成门窗、轴号等。
- ●熟练运用复制、镜像、旋转、移动、缩放等命令绘制楼梯、散水、台阶、卫生间设备。
- ●熟练进行尺寸、文字的标注和轴号的绘制。
- ●熟练完成平面图的抄绘。

学习情境

某学校学生宿舍楼，其建筑底层平面图如图4-1所示，请运用中望CAD绘制该学校宿舍底层平面图。

绘制思路：

用中望CAD绘制建筑平面图的总体思路是先整体后局部，主要绘制过程包括：

(1)设置绘图环境。

(2)用OFFSET(偏移)、TRIM(修剪)和EXTEND(延伸)命令绘制水平及竖直轴线。

(3)用MLINE(多线)命令绘制外墙体，形成平面图的大致形状。

(4)绘制内墙体。

(5)用OFFSET(偏移)和TRIM(修剪)命令在墙体上绘制门窗洞口。

(6)用MLINE(多线)或者BLOCK(块)绘制门窗。

(7)绘制楼梯、台阶、散水及其他局部细节。

(8)尺寸标注、文字注写、轴线编号。

(9)绘制图框、指北针，完成平面图。

任务一　设置绘图环境

任务引入

在绘制该建筑平面图时，首先做前期准备，根据要求设置绘图环境，包括创建新的图形文件、新图的参数设置、图像界限设置、图层设置等。

相关知识

在中望CAD中，绘图环境主要包括以下内容：

◆绘图单位、测量精度、光标捕捉等。

◆图纸大小与布局、绘图界限等。

◆文字与尺寸格式。

◆线型和图层颜色、图层等。

本任务知识点在项目三任务1中已经详细介绍，此处不再赘述。尺寸标注在本项目任务6再详细介绍。

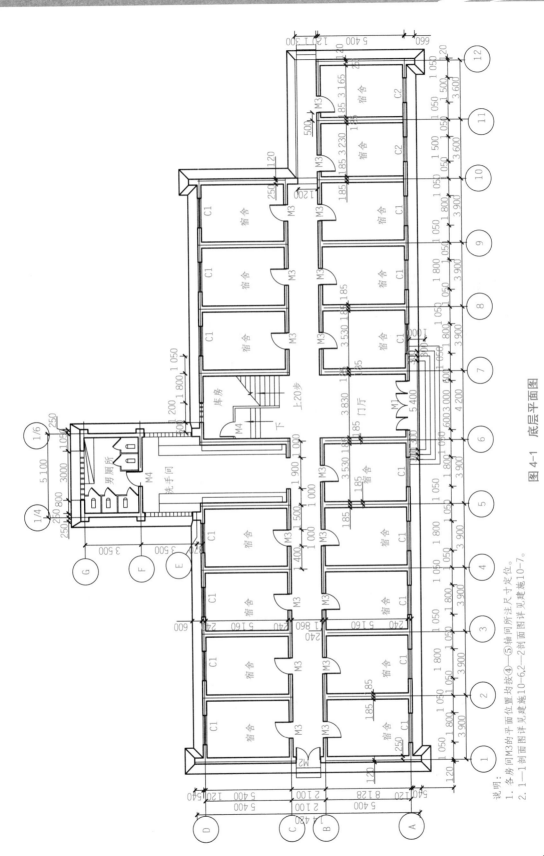

图 4-1 底层平面图

说明：1. 各房间M3的平面位置均按④—⑤轴间所注尺寸定位。
2. 1—1剖面图详见捷施10-6,2—2剖面图详见捷施10-7。

任务实施

运用中望 CAD 对图 4-1 的建筑平面图进行绘图环境设置，具体步骤如下：

Step01 新建绘图文件。

启动中望 CAD 软件，可双击 图标，运行中望 CAD 软件。

技巧提示：

一般情况，中望 CAD 在缺省情况下，绘图区域默认是黑底白线，根据个人喜好和需要，可以在【工具】|【选项】菜单的【显示】选项卡单击【颜色】按钮，改变屏幕图形的背景色为指定的颜色，如图 4-2 所示。可以通过【显示】、【草图】等选项卡修改十字光标大小、捕捉标志大小等。

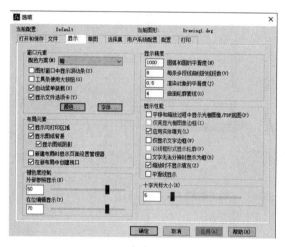
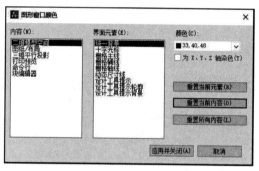

（a） （b）

图 4-2 "绘图区域屏幕颜色"设置

（a）【显示】选项卡；（b）屏幕背景颜色设置

Step02 设置绘图区域界限。

执行【格式】|【图形界限】菜单命令，依据提示，设定图形界限的左下角为(0，0)，右上角为(594 000，420 000)。再单击标准工具栏中 按钮，进行全部缩放。

技巧提示：

用中望 CAD 绘图使用实际尺寸(1∶1)，在打印出图时，设置比例因子，考虑到实际图形轴线尺寸近 50 000，而且要在 A2 图纸(大小为 594 mm×420 mm)上打印出图，建筑平面图绘图比例为 1∶100，故设置图形界限为 594 000 mm×420 000 mm。

Step03 设置图层。

执行【格式】|【图层】菜单命令(LA)，或单击【图层】工具栏中的【图层特性管理器】按钮 ，打开【图层特性管理器】面板，设置图层的名称、线宽、线型和颜色等，如图 4-3 所示。

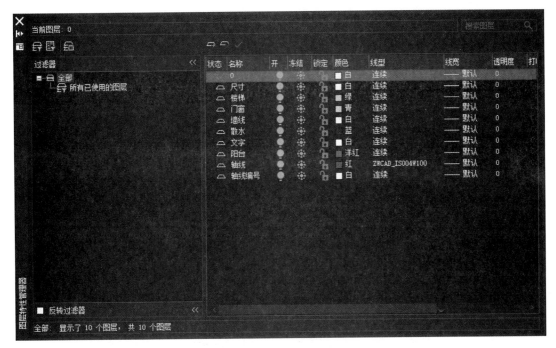

图 4-3 设置图层

其中轴线的线型设置通过修改线型，单击 加载(L)… 按钮，选择线型如图 4-4 所示，单击 确定 按钮。

图 4-4 "轴线线型"设置

技巧提示：

图层设置的原则是在够用的基础上越少越好，够用、精简。0 层的使用注意：0 层不可以删除，一般不修改 0 层元素。0 层一般是用来定义块的。定义块时，先将所有图元均设置为 0 层(有特殊时除外)，然后再定义块，这样在插入块时，插入时是哪个层，块就随哪个层了。在绘图过程中可以根据需要创建图层。

任务二 绘制轴线

任务引入

在绘制该建筑平面图时，前期绘图环境设置完毕之后，开始进行轴线绘制，定位轴线是用以确定主要结构位置的线，如确定建筑的开间或柱距、进深或跨度。所以，绘制轴线是使用中望CAD进行建筑绘图的基本功能之一。轴线用细点画线绘制。在绘制轴线时涉及其他知识，如绘制直线、绘制构造线、绘制矩形、偏移、修剪、延伸等。

相关知识

一、构造线（XLINE）

在中望CAD中，构造线是无限长的直线，利用它能直接绘制出水平、竖直、倾斜及平行的线段，一般用作绘图时的定位线或者辅助线。

1.【构造线】命令启动方法

- 命令：XLINE（XL）。
- 菜单：执行【绘图】|【构造线（T）】菜单命令。
- 工具栏：单击【绘图】工具栏的【构造线】按钮 ⁄。

2. 指定两点创建构造线的步骤

（1）执行【绘图】|【构造线】菜单命令。
（2）指定一个点以定义构造线的根。
（3）指定第二个点，即构造线要经过的点。
（4）根据需要继续指定构造线。所有后续参照线都经过第一个指定点。
（5）按Enter键结束命令。

技巧提示：

用其他方法绘制构造线时，输入提示的代号字母。

- 水平（H）：指定起点，绘制一条与当前用户坐标系的X轴平行的构造线。
- 竖直（V）：指定起点，绘制一条与当前用户坐标系的Y轴平行的构造线。
- 角度（A）：通过指定一个角度和一个起点来绘制构造线。
- 等分（B）：绘制一条与指定对象垂直并将其二等分的构造线。
- 偏移（O）：绘制与指定对象具有一定偏移的构造线。

再根据命令行提示操作，即可完成。

二、矩形(RECTANG)

1. 【矩形】命令启动方法

- 命令：RECTANG(REC)。
- 菜单：执行【绘图】|【矩形(G)】菜单命令。
- 工具栏：单击【绘图】工具栏的【矩形】按钮▭。

2. 绘制矩形的步骤

(1) 执行【绘图】|【矩形】菜单命令。
(2) 指定矩形第一个角点的位置。
(3) 指定矩形其他角点的位置(用相对坐标@X，Y)。

3. 矩形示例

多种方法绘制矩形示例如图 4-5 所示。

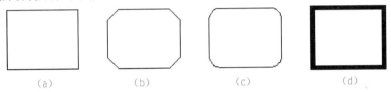

(a)   (b)   (c)   (d)

图 4-5 多种方法绘制的矩形

(a) 普通矩形；(b) 倒角矩形；(c) 圆角矩形；(d) 设置宽度的矩形

🔧 任务实施

运用中望 CAD，绘制图 4-1 底层建筑平面图的轴线。具体步骤如下。

Step01 准备工作：打开任务 1 中已经保存的"底层平面图"图形文件；激活状态栏中【极轴追踪】、【对象捕捉】及【自动追踪】功能，状态栏中呈现 ⊞⊞∟○□∠⊹⊱≡◨⁺圈；将【轴线】图层设为当前图层。流程如图 4-6 所示。

Step02 开始绘制轴线，完成主体部分轴线的绘制，现介绍两种方法可供读者选用。

方法一：用直线绘制

(1) 单击【绘图】工具栏中【直线】按钮∠，绘制一条水平基准轴线，长度 48 000 mm，在水平线靠左侧适当位置绘制一条竖直基准轴线，长度为 24 000 mm，如图 4-7 所示。

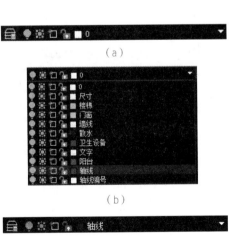

(a)

(b)

(c)

图 4-6 设置当前图层流程

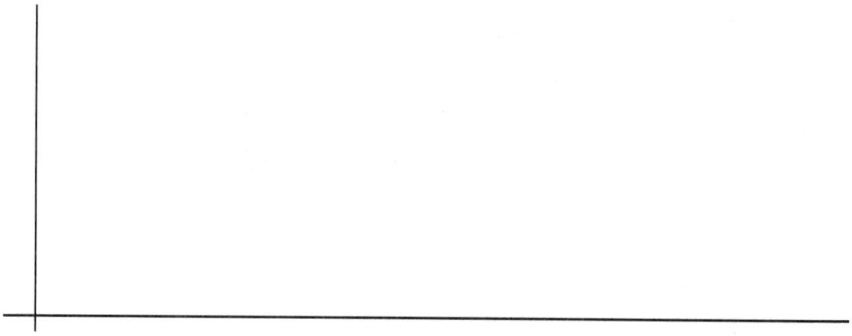

图 4-7　绘制轴线

技巧提示：

　　绘制轴线时：①直线长度的取值根据所绘图形的轴线总长适当放些余量，轴线网绘制完成之后，可以通过【修剪】或者【延伸】命令调整合适。

　　②可能因为绘制直线的长度超出了当前图形窗口的显示范围，用户可以执行【ZOOM】命令，选择【A】选项，或者单击标准工具栏中　按钮，进行全部缩放，才能看到所绘制的直线的全图。

　　③由于视图窗口放大，轴线的外观显示为实线，而不是点画线。用户可以通过执行【格式】|【线型】菜单命令，打开【线型管理器】对话框，单击【显示细节】按钮来调整。如图 4-8 所示的全局比例因子调整为 100，所绘制的轴线显示为点画线，如图 4-9 所示。

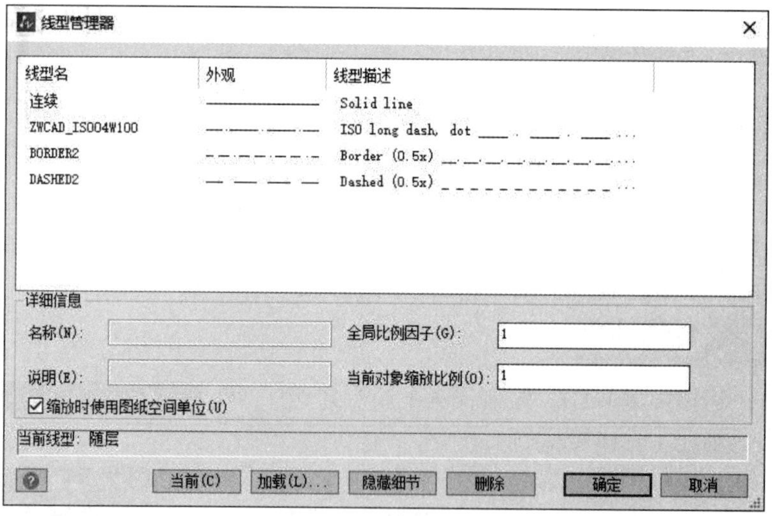

图 4-8　线型比例调整

图 4-9　调整线型后的轴线显示（点画线样式）

（2）单击【修改】工具栏中的【偏移】按钮 ，将水平基准轴线向上偏移 5 400 mm、2 100 mm、5 400 mm、370 mm、3 500 mm、3 500 mm 距离，得到水平方向的轴线。竖直轴线依次向右偏移 3 900 mm、3 900 mm、3 900 mm、3 900 mm、3 900 mm、4 200 mm、3 900 mm、3 900 mm、3 900 mm、3 600 mm、3 600 mm 距离，得到如图4-10所示的主要轴线网。

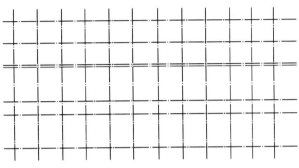

图 4-10　主要轴线网

方法二：用构造线绘制

（1）单击【绘图】工具栏中【构造线】按钮 ，在正交模式，绘制一条水平基准轴线和一条竖直基准轴线。

（2）单击【修改】工具栏中的【偏移】按钮 ，将水平基准轴线向上偏移 5 400 mm、2 100 mm、5 400 mm、370 mm、3 500 mm、3 500 mm 距离，得到水平方向的轴线。竖直轴线依次向右偏移 3 900 mm、3 900 mm、3 900 mm、3 900 mm、3 900 mm、4 200 mm、3 900 mm、3 900 mm、3 900 mm、3 600 mm、3 600 mm 距离，得到如图4-11 所示的主要轴线网。

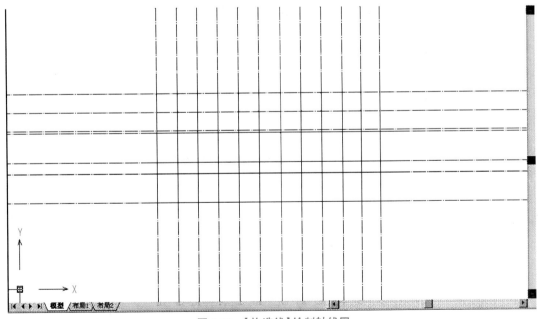

图 4-11　【构造线】绘制轴线网

（3）单击【绘图】工具栏中【矩形】按钮 ⬚ ，绘制适当大小的矩形作为修剪边框，如图4-12所示。

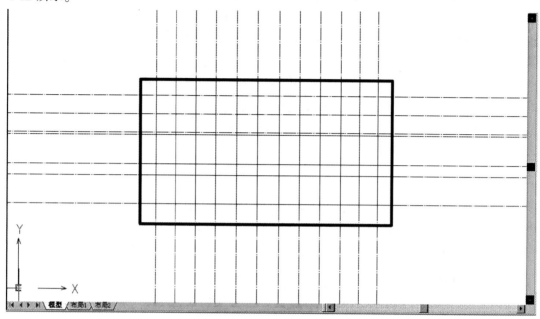

图 4-12　绘制矩形边界框

（4）单击【修改】工具栏中【修剪】按钮 ⊹ ，修剪成如图 4-13 所示，最后删除矩形，形成如图 4-10 所示的轴线网。

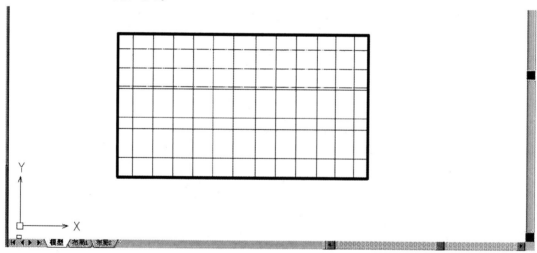

图 4-13　修剪矩形边界框外侧构造线

技巧提示：

绘制轴线时，第一种方法适用于任何一种平面图的轴线设置；第二种对于复杂的住宅平面图，因为轴线较多，构造线画得太多，图显得凌乱，不建议采用。读者根据自己的习惯灵活运用。

Step03 完成整个底层平面图轴线绘制。

（1）单击【修改】工具栏中的【偏移】按钮 ≜，将 A、D 水平基准轴线分别向下和向上偏移 660 mm，得到墙突出部位的界线，将⑤、⑥竖直轴线分别向左和向右偏移 600 mm，得到⑭轴线和⑯轴线。

（2）单击【修改】工具栏中【修剪】按钮 ⊁，修剪成如图 4-14 所示。

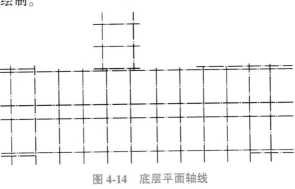

图 4-14　底层平面轴线

任务三　绘制墙身

任务引入

建筑的墙身有不同的厚度，有 240~370 mm，还有 120 mm、180 mm 等。在绘制墙身时，大致方法有两种。一种是用【偏移】命令 ≜，以轴线为基准，向两边偏移一定的距离得到墙身线，再用【特性匹配】命令 ◉，将墙线转换至墙线图层上，并按墙线的要求进行修剪；另一种是用【多线】命令（MLINE）在墙身图层直接绘制。中望 CAD 的【多线】能更方便快捷地绘制墙身，可以通过多线样式创建来满足不同厚度的墙身，用【多线】命令绘制墙身线，用多线编辑或者分解命令完善墙身绘制。

相关知识

一、多线（MLINE）

1. 多线的概念

中望 CAD 中的多线是一种由多条平行线组成的组合对象。平行线之间的间距和数目是可以调整的，多线常用于绘制建筑图中的墙体、窗平面图等平行线对象。绘制多线之前，可以修改或指定多线样式。利用【多线样式】对话框，可以创建新的多线样式，或者修改当前样式，也可以从多线库中加载已经定义的多线样式。

2. 多线示例

以"370 墙"和"四线平面窗户"为例，说明多线的创建过程。

"370墙"多线样式(轴线不在墙身中心线)

(1)执行【格式】|【多线样式】菜单命令,弹出【多线样式】对话框,如图4-15所示。

(2)单击 新建(N) 按钮,弹出【创建新多线样式】对话框,在新样式名称文本框中输入"墙体37",如图4-16所示, 置为当前(C) 按钮被激活。

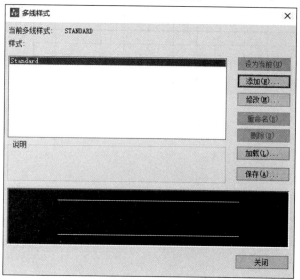

图4-15 【多线样式】对话框

图4-16 【创建新多线样式】对话框

(3)单击 置为当前(C) 按钮,弹出【新建多线样式:墙体37】对话框,如图4-17所示。

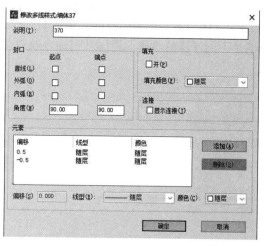

(a)

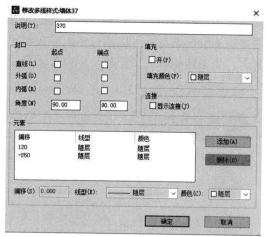

(b)

图4-17 【新建多线样式:墙体37】对话框

在该对话框中完成以下任务:

• 在【说明】文本框中输入关于多线样式的说明文字(文字可详可略,也可忽略)。

• 在【元素】列表框中选中"0.5",然后在【偏移】文本框中输入数值"120"。

• 在【元素】列表框中选中"−0.5",然后在【偏移】文本框中输入数值"−250"。

技巧提示：

多线默认的两条线之间的距离为1，元素列表偏移数值为0.5和-0.5，当墙身厚度为240 mm时，上述操作在【偏移】文本框中输入值a为120，b为-120。当墙身厚度为370 mm时，若定位轴线为墙中心线时，a为185，b为-185；若定位轴线距离墙身外侧为120 mm，内缘为250 mm时，a为120，b为-250。

（4）单击 确定 按钮，返回【多线样式】对话框出现如图4-18所示的对话框，和图4-15对话框相比，样式列表框除了原有的"Standard"还多了"墙体37"样式。若多线创建结束就运用，可以单击 置为当前(C) 按钮，使新样式成为当前样式。

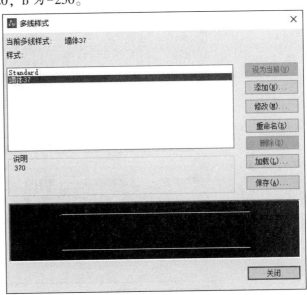

图4-18 新建墙体37【多线样式】对话框

"四线平面窗户"多线样式步骤：

（1）执行【格式】|【多线样式】菜单命令，弹出【多线样式】对话框。

（2）单击 新建(N) 按钮，弹出【创建新多线样式】对话框，在新样式名称文本框输入"四线平面窗户"，若已经建过其他样式，这时要把基础样式选为"Standard"。 继续 按钮被激活。

（3）单击 继续 按钮，弹出【新建多线样式：四线平面窗户】对话框，如图4-19所示。

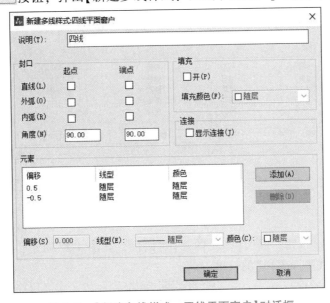

图4-19 【新建多线样式：四线平面窗户】对话框

（4）单击【元素】选项区中的 添加(A) 按钮两次，新建两个元素，参数设置如图 4-20 所示。选中新建元素，分别设置【偏移】变量为"0.17"和"-0.17"，设定结果如图 4-21 所示。

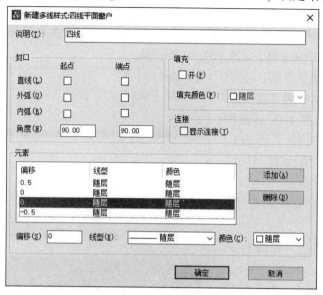

图 4-20　创建两个新元素

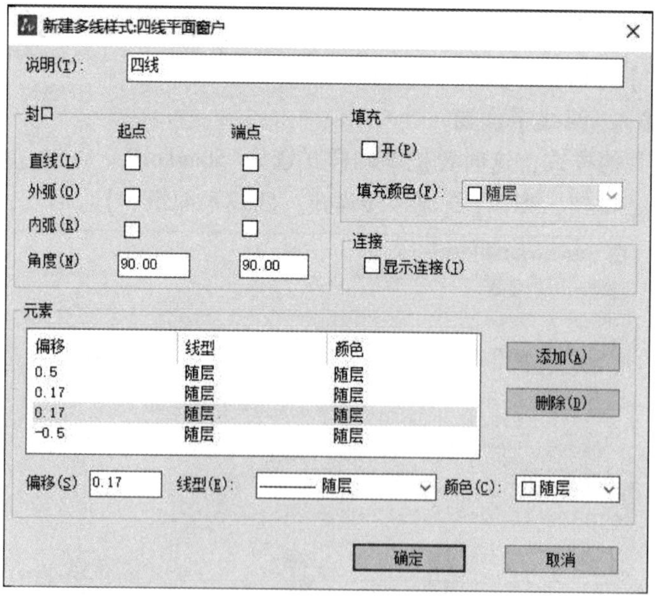

图 4-21　设定新元素"偏移值"

（5）单击 确定 按钮，返回【多线样式】对话框，如图 4-22 所示，样式预览框中显示出新多线样式"四线平面窗户"的效果。

技巧提示：

【新建多线样式】对话框选中新建元素，分别设置"偏移"变量为"0.17"和"-0.17"，根据具体情况而定，可设置"偏移"变量为"0.1"和"-0.1"，形成如图 4-23 所示的效果。

图 4-22　四线平面窗户【多线样式】对话框(一)

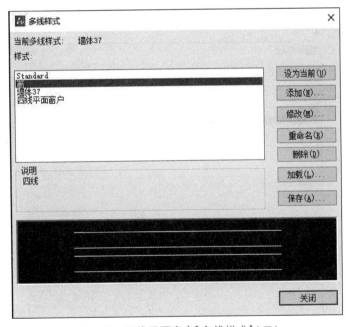

图 4-23　四线平面窗户【多线样式】(二)

(6)单击 保存(A)... 按钮,弹出【保存多线样式】对话框,如图 4-24 所示,单击 保存(S) 按钮,完成保存多线样式设置。返回【多线样式】对话框。

(7)单击 置为当前(C) 按钮,使新样式成为当前样式。

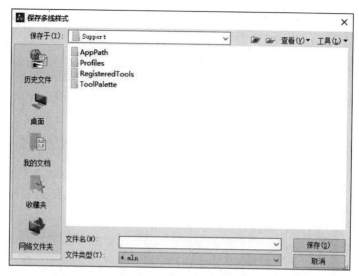

图 4-24 【保存多线样式】对话框

技巧提示：

【新建多线样式】对话框常用选项的功能中【封口】选项组用于设置多线起点和终点的封闭形式。封口有 4 个选项，分别是直线、外弧、内弧和角度，在绘制四线窗线时可用直线封口，如图 4-25 所示。

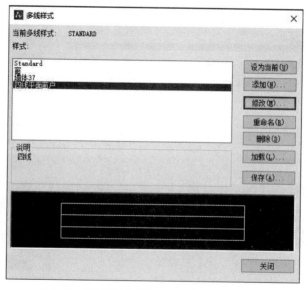

图 4-25 带封口的四线平面窗户多线样式预览

3. 绘制多线

(1) 命令启用。

- 命令：MLINE(ML)。
- 菜单：执行【绘图】|【多线】菜单命令。

（2）命令选项。具体说明如下：

● 对正（J）：用于指定绘制多线时的对正方式，共有三种对正方式："上（T）""无（Z）""下（B）"。其中，"无（Z）"是指多线的中心将随着鼠标移动。

● 比例（S）：通过设定比例值来控制多线的宽度。中望 CAD 中"Standard"默认距离为 1，默认的比例 S＝20，表示多线的间距为 20 mm，如果是 240 mm 的墙，可以修改比例 S＝240 完成。

● 样式（ST）：此选项用于设置多线的绘制样式。默认的样式为标准型（Standard），用户可根据提示输入所需多线样式名。

（3）绘制多线的操作指南。

● 执行【绘图】│【多线】菜单命令。

● 在命令提示下，输入 ST，选择一种样式。

● 要列出可用样式，请输入样式名称或输入？。

● 要对正多线，请输入 J 并选择上对正、无对正或下对正。

● 要修改多线的比例，请输入 S 并输入新的比例。

● 开始绘制多线。

● 指定起点。

● 指定第二点。

● 指定下一点，直至完成。

（4）多线命令举例应用（通过修改比例绘制 240 墙体）。

①在命令行中输入【多线】的快捷命令 ML。

②根据提示"指定起点或［对正（J）/比例（S）/样式（ST）］："输入"J"。设置对正方式为"无（Z）"，然后按 Space（Enter）键确定；再根据提示输入"S"，设置比例为 240，按 Space 键确定。

③沿着起点到端点绘制多线，绘制完成 240 墙体轮廓。

🔍 4. 编辑多线

启动编辑多线任务

● 命令：MLEDIT。

● 菜单：执行【修改】│【对象】│【多线】菜单命令。

● 鼠标左键双击绘图区的多线对象。

命令启动后，中望 CAD 将弹出【多线编辑工具】对话框，如图 4-26 所示。图 4-26 所示的对话框以四列显示样例图像：

（1）第一列处理十字交叉的多线。

（2）第二列处理 T 形相交的多线。

（3）第三列处理角点连接和顶点。

（4）第四列处理多线的剪切或接合。

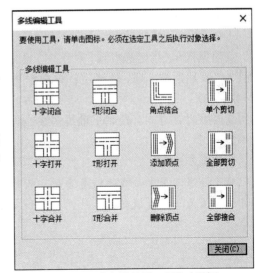

图 4-26 【多线编辑工具】对话框

二、分解(EXPLODE)

分解可将合成对象分解为某部件对象。任何分解对象的颜色、线型和线宽都可能会改变，其结果根据分解前合成对象的类型不同会有所不同。

可以分解的对象有：多段线、图块、引线、标注、多行文字、多线等。

1. 分解命令启用

- 命令：EXPLODE(X)。
- 菜单：执行【修改】|【分解 X】菜单命令。
- 工具栏：单击【修改】工具栏的【分解】按钮 ● 。

2. 分解块参照的步骤

(1)执行【修改】|【分解】菜单命令。

(2)选择要分解的块并按 Enter 键。

(3)块参照已分解为其组成对象；但是，块定义仍存在于图形中供以后插入。

任务实施

运用中望 CAD，绘制图 4-1 底层建筑平面图的墙身线。具体步骤如下。

Step01 准备工作：继续任务 2 中已经保存的"底层平面图"图形文件；将墙线图层设置为当前图层。

Step02 绘制主体外墙轮廓线。

(1)分析图纸，外横墙(山墙)墙身厚度为 370 mm，定位轴线不在墙身中心，在距离外侧 120 mm 处；外纵墙(檐墙)墙身厚度为 240 mm，定位轴线为中心线。

(2)创建 370 墙身多线。方法见本任务举例："370 墙"多线样式。

(3)绘制外横墙线。启动多线命令。

①在命令行中输入【多线】的快捷命令 ML。

②根据提示"指定起点或[对正(J)/比例(S)/样式(ST)]:"输入"J"设置对正方式为"无(Z)"，然后按 Space 键确定；再根据提示输入"S"，设置比例为 1，按 Space 键确定；ST=墙体 37。

③沿顺时针方向，绘制①轴线多线，再绘制其他轴线多线完成山墙 370 墙体轮廓，如图 4-27 所示。

技巧提示：

对于轴线不是中心线的墙身绘制，顺时针和逆时针方向绘制时，效果不同。顺时针绘制时偏移值为正的数值在轴线外侧，例如本图 120 在轴线外侧，符合要求。读者可以自己揣摩。

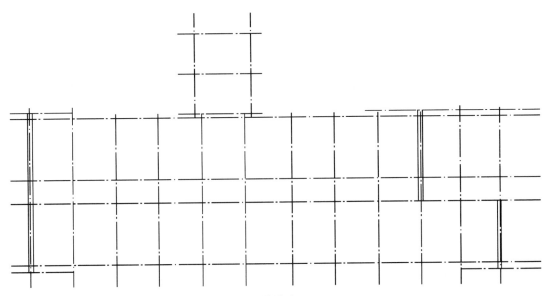

图 4-27　外横墙线（370 mm）

（4）绘制外纵墙线。

①在命令行中输入【多线】的快捷命令 ML。

②根据提示"指定起点或［对正（J）/比例（S）/样式（ST）］:"输入"J"设置对正方式为"无（Z）"，然后按 Space 键确定；再根据提示输入"S"，设置比例为 240，按 Space 键确定；ST = Standard。

③捕捉端点，沿着轴线绘制多线，绘制外纵墙 240 墙体轮廓，如图 4-28 所示。

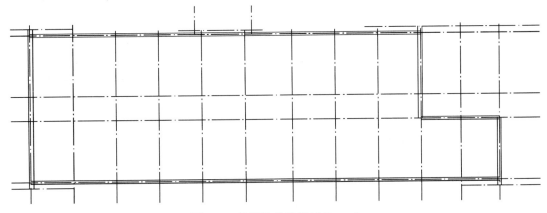

图 4-28　绘制外纵墙线（240 mm）

④编辑外墙线。直接用鼠标左键双击外墙线进行编辑，如"角点结合"，生成如图 4-29 所示的效果。

Step03　绘制内墙身线。

分析内墙身线有两种规格，内横墙为 370 墙，轴线在中心位置，内纵墙为 240 墙。

参照绘制外墙线的方法绘制内墙身线形成如图 4-30 所示的效果。［提示：用 ST = Standard，S = 370（240）绘制］

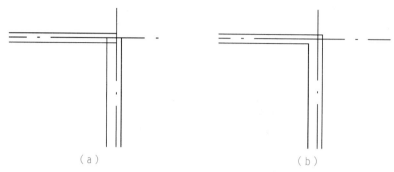

（a）　　　　　　　　　　　（b）

图 4-29　角点结合

（a）角点结合前；（b）角点结合后

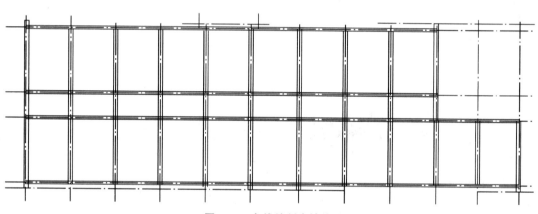

图 4-30　多线绘制内墙线

技巧提示：

本图②—⑨轴线内墙线一样，可以绘制②轴线墙线后，用【复制】 ▣ 命令完成其他轴线的墙线，读者可以自己揣摩灵活运用。

Step04　编辑墙线。墙线编辑有两种方式：

一种是用【多线编辑】命令，进行【T 形打开】、【十字打开】等编辑命令进行快速修剪墙线。

技巧提示：

在使用【多线编辑】工具修剪墙线时，【T 形打开】注意点选的顺序是先选竖直方向的直线，再选水平方向的直线，否则修剪不成功。

另一种是先用【分解】按钮 ▣ ，分解多线成独立直线，再用【修剪】按钮 ┼ 进行修剪，如图 4-31 所示。

技巧提示：

在使用【多线编辑】工具修剪或者用【分解】命令修改墙线时，可先关闭轴线图层及其他图层，只保留墙线图层，这样方便修改。

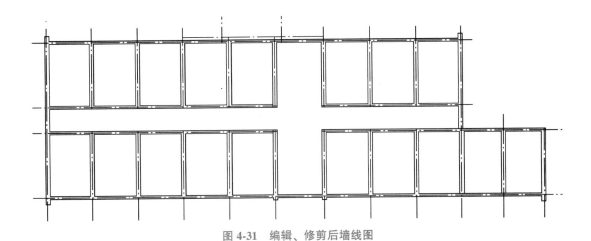

图 4-31　编辑、修剪后墙线图

任务四　绘制门窗

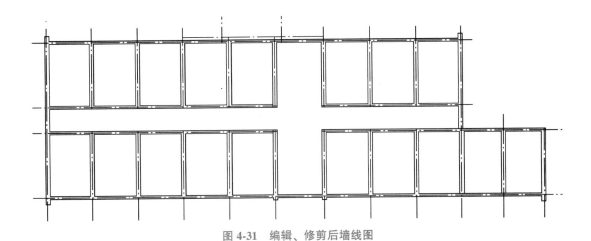任务引入

完成墙体的绘制后，即可进行门窗的绘制。门窗的绘制除相同的可以采用【复制】等方式进行图形复制或编辑外，由于我国建筑设计规范对门窗的设计有具体要求，所以在绘制时，可以把它们作为标准图块插入到平面图中，从而避免大量的重复工作，提高绘图效率。在制作门窗块时，用【直线】命令或者【矩形】命令制作窗户图块，用【直线】命令和【圆】命令或者【圆弧】命令制作门扇图块。相同的部分可用【复制】命令、【镜像】命令、【旋转】命令来完成。直线和矩形的知识点在项目三中已经详细介绍，本任务主要介绍圆、圆弧、复制、镜像、旋转、块的知识点。

相关知识

一、复制（COPY）

中望 CAD 提供了四种复制对象的命令：复制（COPY）、镜像（MIRROR）、偏移（OFFSET）、阵列（ARRAY）。其中，最常用的复制命令是复制（COPY），读者根据绘图需要使用。

1.【复制】命令启动方法

● 命令：COPY（CO）。

- 菜单：执行【修改】|【复制（CO）】菜单命令。
- 工具栏：单击【修改】工具栏的【复制】按钮[img]。

2. 复制对象的步骤

（1）执行【修改】|【复制】菜单命令。

（2）选择要复制的对象。

（3）指定基点。

（4）指定位移的第二点。

3. 举例：（通过基点复制）

基点：通过基点和放置点来定义一个矢量，指示复制的对象移动的距离和方向。选择【基点】选项并指定基点 1 到位移点 2，如图 4-32 所示。

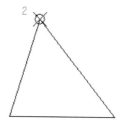

图 4-32　通过基点复制

二、镜像（MIRROR）

镜像是将一个对象按某一条镜像线进行对称复制。就是以一条线段为基准线，创建对象的反射副本。

1.【镜像】命令启动方法

- 命令：MIRROR（MI）。
- 菜单：执行【修改】|【镜像（I）】菜单命令。
- 工具栏：单击【修改】工具栏的【镜像】按钮[img]。

2. 镜像对象的步骤

（1）执行【修改】|【镜像】菜单命令。

（2）选择要镜像的对象。

（3）指定镜像直线的第一点。

（4）指定第二点。

（5）按 Enter 键保留原始对象，或者按 Y 将其删除。

3. 镜像"源对象是否删除"

是：若在上一命令行中输入 Y，选择"是"，系统将删除原来的对象，只保留创建的镜像副本。

否：若在上一命令行中输入 N，选择"否"，系统将保留原来的对象，并在当前图形文件中创建镜像副本。

效果如图 4-33 所示。

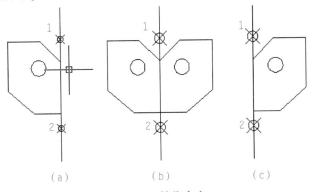

图 4-33　镜像命令

(a)指定镜面线；(b)"N"保留源对象；(c)"Y"删除源对象

技巧提示：

使用镜像工具对带有文字的对象进行镜像操作时，所得到的镜像图形文字是反过来的，可配合系统变量 MIRRTEXT 来创建镜像文字。当 MIRRTEXT 的值为 1(开)时，文字对象将同其他对象一样被镜像处理；当 MIRRTEXT 设置为关(0)时，创建的镜像文字对象方向不作改变，如图 4-34 所示。

图 4-34　文字镜像处理

三、旋转(ROTATE)

旋转对象是指把选中的对象在指定的方向上旋转指定的角度，用于使对象绕其旋转从而改变对象的方向指定的点为基点。在默认状态下，旋转角度为正时，所选的对象按照逆时针方向旋转，反之为顺时针方向旋转。旋转命令对于三维图形同样适用。

1.【旋转】命令启动方法

- 命令：ROTATE(RO)。
- 菜单：执行【修改】|【旋转(R)】菜单命令。
- 工具栏：单击【修改】工具栏的【旋转】按钮 。

2. 旋转对象的步骤

(1)执行【修改】|【旋转】菜单命令。

(2)选择要旋转的对象。

(3)指定旋转基点。

(4)执行以下操作之一:

● 输入旋转角度。

● 绕基点拖动对象并指定旋转对象的终止位置点。

3. 旋转举例

旋转角度:指定对象绕指定的点旋转的角度。旋转轴通过指定的基点,并且平行于当前用户坐标系的 Z 轴,如图 4-35 所示。

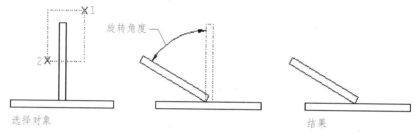

图 4-35 旋转命令(角度)

复制(C):在旋转对象的同时创建对象的旋转副本。

参照(R):将对象从指定的角度旋转到新的绝对角度。

四、块(BLOCK)

图块是中望 CAD 提高的功能强大的设计绘图工具。图块由一个或者多个图形组成并且按照指定的名称保存。在后续的绘图过程中,可以将图块按照一定的比例和旋转角度插入图形中。虽然图块可能由多个图形组成,但是对图形进行编辑时,图块将被视作一个整体进行编辑。同一个图块可以根据需要多次插入使用。

1. 块的创建

(1)【创建块】命令激活方式:

● 命令:BLOCK(B)。

● 菜单:执行【绘图】|【块】|【创建】菜单命令,如图 4-36 所示。

图 4-36 创建块子菜单

● 工具栏:单击【绘图】工具栏中【块】按钮 。

(2)为当前图形定义块的步骤:

- 创建要在块定义中使用的对象。
- 执行【绘图】|【块】|【创建】命令。
- 在【块定义】对话框中的【名称】框中输入块名。
- 在【对象】下选择【转换为块】。
- 如果需要在图形中保留用于创建块定义的原对象，请确保未选中【删除】选项。如果选择了该选项，将从图形中删除原对象。如有必要，请使用 OOPS 恢复它们。
- 单击【选择对象】。
- 请使用定点设备选择要包括在块定义中的对象。按 Enter 键完成对象选择。
- 在【块定义】对话框的【基点】下，使用以下方法之一指定块插入点：单击【拾取点】，使用定点设备指定一个点；输入该点的 X、Y、Z 坐标值。
- 单击【确定】。
- 在当前图形中定义块，可以将其随时插入。

2. "块"创建举例：四线窗块的创建

操作步骤如下：

①激活命令后打开如图 4-37 所示的【块定义】对话框。

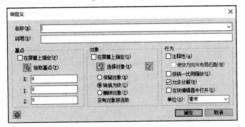

图 4-37　【块定义】对话框

②在【名称】文本框内写上块名称，如"窗户"单击【拾取点】按钮，进入绘图界面，选中图 4-38(b)所示窗的左上角点，选择完成后，返回【块定义】对话框。

③单击【选择对象】按钮，再进入绘图界面，选中图 4-38(b)所示的窗图形的 6 条直线，返回【块定义】对话框。形式如图 4-38(a)所示。

④单击【块定义】窗口的　确定(K)　按钮，完成"窗户"块创建。

（a）　　　　　　　　　　　　　　　　（b）

图 4-38　创建窗户块

【块定义】对话框中各选项的功能如下：

- 名称：在该文本框中输入块的名称。用户可以输入汉字、英文、数字等字符，作为图块的名称，块名最长可达 255 个字符。

●基点：常用在【基点】设置区单击【拾取点】按钮 🔊，然后在绘图区中拾取合适点作为插入基点，或直接在对话框中输入基点的 X、Y、Z 坐标。

●对象：在【对象】设置区单击【对象选择】按钮 🔊，然后在绘图区中选取整个图形，另外可以通过 🔽 按钮，打开【快速选择】对话框，如图 4-39 所示，选择构成图块的对象。

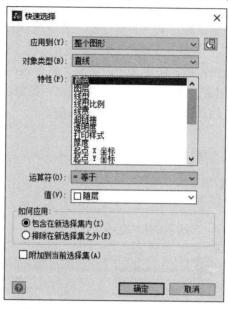

图 4-39 【快速选择】对话框

●在【对象】设置区中还有三个单选按钮，功能如下：

●保留：可以在定义块后保留原图。

●转换为块：定义块后将原对象转换为块。

●删除：定义块后将原对象删除。

🔍 3. 块的属性

属性就是从属于块的文本信息，是块的组成部分。块可以没有属性，也可以有多个属性。当插入带有属性的块时，就可以同时插入由属性值表示的文本信息。使用块属性可以快速完成文本修改，完成多处文本信息不同的块插入。

轴号、标高等因为位置不同，数值就不同，因此，需要利用块属性输入不同的数值，完成多处不同要求的标注。

（1）命令激活方式。

●命令：ATTDEF。

●菜单：执行【绘图】|【块】|【定义属性】菜单命令，如图 4-40 所示。

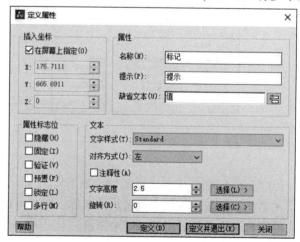

图 4-40 块的【定义属性】对话框

（2）以轴号为例，讲解块属性操作的一般方法。操作步骤如下：

①在绘图区域绘制轴号符号：半径为 800 mm 的圆，如图 4-41（a）所示。

②激活【块的属性】命令后打开如图 4-42 所示的【定义属性】对话框。

③在【定义属性】对话框的文本框中输入参数。在【标记】文本框中输入"X"，表示所设置的属性名称是 X；在【提示】文本框中输入"轴线编号"，表示插入块时的提示符；在【缺省文本】文本框中输入"A"，表示所设置的数值是 A；将【文字样式】设置为"宋体"；将【对齐方式】设置为"居中"；【文字高度】设置为"450"。

④在【插入坐标】列表框右侧，单击 选择(S) 按钮，返回绘图区域，选取轴号符号——圆的圆心，形成如图 4-42 所示。

⑤单击 定义并退出(A) 按钮，形成如图 4-41（b）所示。

⑥按照【创建块】的步骤，轴号中的"X"会自动生成"A"，形成如图 4-41（c）所示。

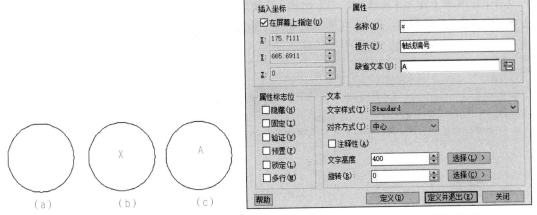

图 4-41　轴线编号块的制作　　　　图 4-42　轴线编号【定义属性】对话框

🔧 4. 块的插入（以 240 墙上的宽 1 800 窗户为例）

（1）【插入块】命令激活方式：

- 命令：INSERT（I）。
- 菜单：执行【插入】|【块】菜单命令。
- 工具栏：单击【绘图】工具栏中【插入块】按钮 🖼。

（2）插入在当前图形中定义的块的步骤：

- 执行【插入】|【块】菜单命令。
- 在【插入图块】对话框的【图块名】框中，从块定义列表中选择名称。
- 如果需要使用定点设备指定插入点、比例和旋转角度，请选择【在屏幕上指定】。否则，请在【插入点】、【缩放比例】和【旋转】框中分别输入值。
- 如果要将块中的对象作为单独的对象而不是单个块插入，请选择【插入时炸开图块】。
- 单击【插入】。

（3）举例——窗户块插入操作步骤。

①激活命令后打开如图 4-43 所示的【插入】对话框。

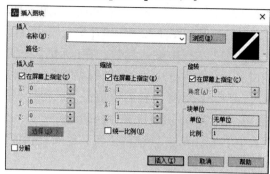

图 4-43 【插入】对话框

②在【名称】下拉列表框中，选择已经建立的图块名，如"窗户"；在【插入点】选项组内选中【在屏幕上指定】复选框；在【比例】选项组的"X、Y、Z"文本框中分别输入"1.8、2.4、1"；在【旋转】区可选中【在屏幕上指定】复选框或在【角度】文本框直接输入准确的角度值；单击【确定】按钮。在图中选择确切的插入点，如图 4-44 所示。

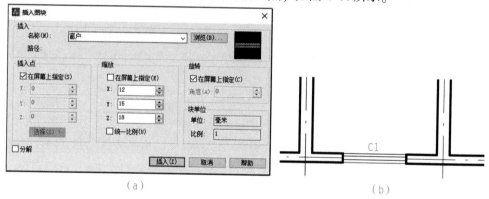

（a）   （b）

图 4-44 插入窗户

说明：【插入】对话框各个选项的功能如下：

• 【插入点】：指定插入图形或块的位置。

• 【比例】：指定块插入图块时的 X、Y、Z 三个方向的比例因子，可以采用不同的缩放比例。

• 【旋转】：指定块的旋转角度，也可以直接在屏幕上指定。

任务实施

运用中望 CAD，绘制图 4-1 底层建筑平面图的门窗。具体步骤如下。

Step01　准备工作：继续任务 3 中绘制墙身已经保存的"底层平面图"图形文件；将"门窗"图层设置为当前图层。

Step02　开窗洞。

根据图纸尺寸，单击【修改】工具栏中的【偏移】按钮 ，把竖向轴线分别向右侧偏移

1 050，得到如图 4-45 所示的图形。

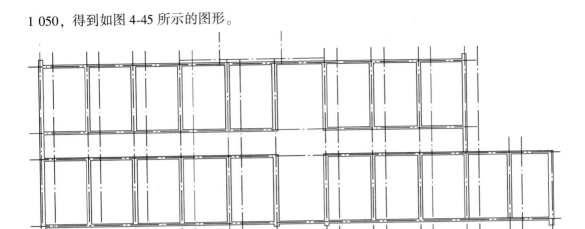

图 4-45 绘制窗洞辅助线

Step03 绘制窗线。

方法一：创建块绘制窗线。

(1)在绘图区域单击【绘图】工具栏【直线】按钮 ，绘制长 1 000、宽 100 的四边形，单击【修改】工具栏中的【偏移】按钮 ，把上下两根 1 000 的直线分别向下、向上偏移 30，得到如图 4-46 所示的图形。

图 4-46 "窗户"块

技巧提示：

窗户块绘制长 1 000、宽 100 的尺寸，目的是插入块时便于缩放，比如 370 的墙上设计 1 800 宽的窗，则缩放的比例是 X 方向系数 1.8，Y 方向是 3.7。

(2)单击【绘图】工具栏中【块】按钮 ，参照本任务中"块创建"的操作步骤，创建窗户块(提示：制作块时用 0 图层，基点的拾取点为左上角点便于配合图 4-45 窗洞的辅助线)。

(3)单击【绘图】工具栏中【插入块】按钮 ，参照本任务中"块插入"的操作步骤，在①~②轴插入窗的块(提示：因为墙厚是 240 mm，窗的宽度是 1 800 mm，因此比例是 X 方向系数 1.8，Y 方向是 2.4)。

(4)绘制所有窗户。

技巧提示：

分析宿舍"底层平面图"上窗户的型号相对少，相同规格的可以考虑用【复制】按钮 来实现。制图规范规定剖切的可见轮廓线是粗实线，底层平面图中，门窗线应该是细实线，窗户是在 0 图层用块制作的一个整体，可以随窗户的图层，但是窗户左右的两条线是细实线，此时可以用墙线图层绘制这两条线，使之变成粗实线。在复制的时候随同窗户块一起复制，如图 4-47 所示。

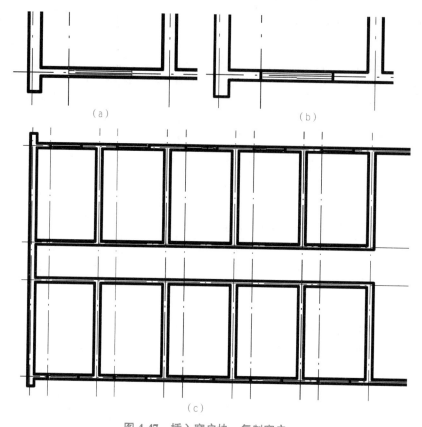

图 4-47 插入窗户块、复制窗户

(a)插入窗户;(b)绘制窗户两侧粗实线;(c)复制命令完成其他窗

(5)单击【修改】工具栏中的【修剪】按钮 ，修剪窗洞处墙线，删除辅助线。完成窗户的绘制，如图 4-48 所示。

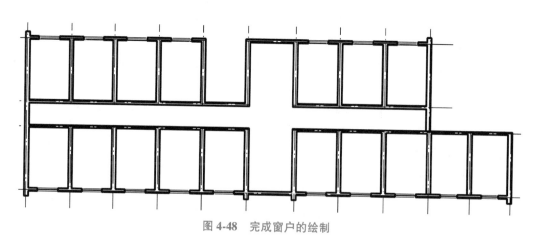

图 4-48 完成窗户的绘制

方法二：多线绘制窗线。

(1)创建多线样式：执行【格式】|【多线样式】菜单命令，弹出【多线样式】对话框。

新建四线平面窗户多线样式，【封口】在【直线】的起点和终点的复选框选中。单击【元素】选项区中的 ![添加(A)] 按钮两次，新建两个元素。选中新建元素，分别设置【偏移】变量为"0.18"和"−0.18"，创建如图 4-25 所示的多线，并单击 ![置为当前(C)] 按钮。详细的操作参见本任务中已经介绍的"四线平面窗户"多线样式的创建方法创建。

（2）绘制窗户多线：

①在命令行中输入【多线】的快捷命令 ML。

②根据提示"指定起点或［对正（J）/比例（S）/样式（ST）］："输入"J"设置对正方式为"无（Z）"，然后按 Space 键确定；再根据提示输入"S"，设置比例为 240，按 Spcae 键确定；样式（ST）为"四线平面窗户"。

③绘制①～②轴线间宽度为 1 800 mm 的窗和⑩～⑮轴线间宽度为 1 500 mm 的窗。

（3）切换到"墙线"图层，单击【直线】按钮 ![icon]，在窗线封口处绘制直线，变为粗实线。

（4）用【复制】按钮 ![icon]，复制绘制其余所有的窗户。

（5）修剪多余线段，完成窗户的绘制。

Step04　开门洞。

（1）根据图纸尺寸，单击【修改】工具栏中的【偏移】按钮 ![icon]，把①～⑨轴线分别向右侧偏移 1 400 mm，⑩、⑪轴线向右偏移 500 mm，得到门的位置线，再把位置线向右偏移 1 000 mm，得到门洞。尺寸不同的门洞，同样用偏移、修剪。

（2）用墙线图层绘制门洞两侧界线，得到如图 4-49 所示的图形。

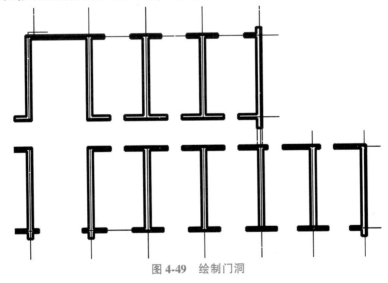

图 4-49　绘制门洞

技巧提示：

墙线绘制门洞界线时，可用【复制】命令进行。

🔧 **5. 绘制门**

门的绘制方法常用【创建块】和【插入块】命令。

（1）将门窗图层置为当前图层。

（2）单击【绘图】工具栏中的【矩形】按钮 ![icon]，绘制一个尺寸为 40 mm×1 000 mm 的矩形门扇，如图 4-50 所示。

（3）单击绘图菜单中的圆弧，用【起点、圆心、角度】（以矩形左上点为起点，左下点为圆心，角度为 90°），绘制如图 4-51 所示的单扇平开门。

图 4-50 矩形门扇　　　　　　图 4-51 单扇平开门

（4）单击【绘图】工具栏中的【创建块】按钮，创建【单扇平开门】图块。

（5）单击【绘图】工具栏中的【插入块】按钮，在平面图中选择预留门洞墙线的右侧中点作为插入点，插入【单扇平开门】，如图 4-52（a）所示，完成 Ⓒ 轴线上 ①~② 轴线之间的单扇平开门的绘制。

（6）单击【绘图】工具栏中的【插入块】按钮，旋转角度为 180° 在平面图中选择预留门洞墙线的左侧中点作为插入点，插入"单扇平开门"，如图 4-52（a）所示，完成 Ⓑ 轴线上 ①~② 轴线之间的单扇平开门的绘制。

（7）利用修改工具栏中【复制】按钮，完成所有单扇平开门的绘制，得到如图 4-52（b）所示的图形。

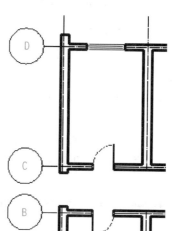

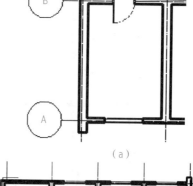

（a）

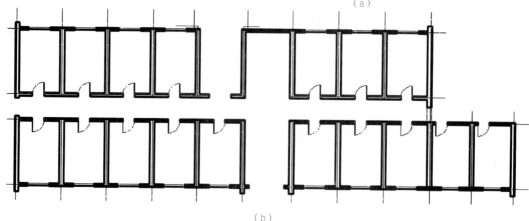

（b）

图 4-52 插入单扇平开门

（8）绘制双扇平开门。

● 利用上述步骤，绘制如图 4-53 所示为 750 mm 宽的单扇平开门。

● 单击【修改】工具栏中的【镜像】按钮![镜像]，进行水平方向的镜像操作，得到如图 4-54 所示宽 1 500 mm 的双扇平开门。

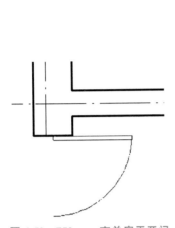
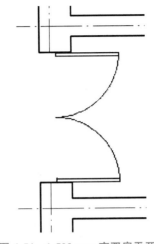

图 4-53　750 mm 宽单扇平开门　　　　图 4-54　1 500 mm 宽双扇平开门

（9）单击【修改】工具栏中的【复制】按钮![复制]，把上述 1 500 mm 的双扇门复制到门厅中心，单击【修改】工具栏中的【旋转】按钮![旋转]，旋转 90°，再分别复制左右两个门，如图 4-55 所示。

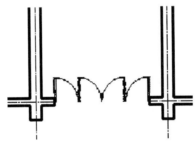

图 4-55　入口门 4 扇门

任务五　绘制卫生间、台阶、楼梯、散水等

![工具图标]任务引入

完成底层平面图中主体的墙体、门窗的绘制。分析本建筑平面图中的卫生间和宿舍的墙体不一样，比较特殊，是由 6 个 500 mm×500 mm 的砖柱和墙体组成。因此在绘制时，用【矩形】命令![矩形]或者【正多边形】命令![正多边形]单独绘制。台阶主要用【直线】![直线]命令和【偏移】命

令 🔧、【移动】命令 ✚ 来绘制。楼梯主要用【直线】命令 ✏ 和【偏移】命令 🔧 或者【复制】命令 🔧 来绘制。散水主要用【多段线】命令 ⤴ 或者【多线】命令来绘制。本任务主要介绍【正多边形】⬠、【移动】✚、【缩放】🔧 等知识点。

🔧 相关知识

◉ 一、正多边形(POLYGON)

正多边形的各边长度相等,利用中望 CAD 的【正多边形】命令可以绘制 3～1 024 的正多边形。

🔑 1.【正多边形】命令启动方法

- 命令:POLYGON(POL)。
- 菜单:执行【绘图】|【正多边形(Y)】菜单命令。
- 工具栏:单击【绘图】工具栏的【正多边形】按钮 ⬠。

🔑 2. 绘制多边形操作步骤

(1)执行【绘图】|【正多边形】菜单命令。
(2)在命令行上输入边数。
(3)指定中心点。
(4)输入 I 或 C。
(5)输入圆半径。

🔑 3. 通过指定一条边绘制正多边形的步骤

(1)执行【绘图】|【正多边形】菜单命令。
(2)在命令行上输入边数。
(3)输入 E(边)。
(4)指定一条正多边形线段的起点。
(5)指定正多边形线段的端点。

◉ 二、移动(MOVE)

🔑 1.【移动】命令启动方法

- 命令:MOVE(M)。
- 菜单:执行【修改】|【移动(M)】菜单命令。
- 工具栏:单击【修改】工具栏的【移动】按钮 ✚。

2. 移动操作步骤

如图 4-56 所示，使用两点移动对象的步骤：

选定对象   移动后的对象

图 4-56 移动

（1）执行【修改】|【移动】菜单命令。

（2）选择要移动的对象。

（3）指定移动基点。

（4）指定第二点，即位移点。选定的对象移动到由第一点和第二点之间的方向和距离确定的新位置。

三、缩放（SCALE）

1.【缩放】命令启动方法

- 命令：SCALE（SC）。
- 菜单：执行【修改】|【缩放（SC）】菜单命令。
- 工具栏：单击【修改】工具栏的【缩放】按钮。

2. 按比例因子缩放对象的步骤

（1）执行【修改】|【缩放】菜单命令。

（2）选择要缩放的对象。

（3）指定基点。

（4）输入比例因子或拖动并单击指定新比例。

3. 利用参照缩放对象的步骤

（1）执行【修改】|【缩放】菜单命令。

（2）选择要缩放的对象。

（3）选择基点。

（4）输入 R（参照）。

（5）选择第一个和第二个参照点，或输入参照长度的值。

任务实施

一、绘制卫生间

Step01 准备工作：继续打开任务 4 中绘制完门窗已经保存的"底层平面图"图形文件。卫生间的墙体：由 6 个 500 mm×500 mm 的砖柱与 250 mm 砖墙和大片的窗户组成。

Step02 绘制砖柱。

（1）用【矩形】□或者【正多边形】⬡命令绘制 500 mm×500 mm 的四边形。

（2）激活状态栏中的【对象捕捉】按钮，右击出现【设置】，单击【设置】出现【草图设置】对话框，在【对象捕捉】选项卡的复选框中，单击 全部选择 按钮，如图 4-57 所示。

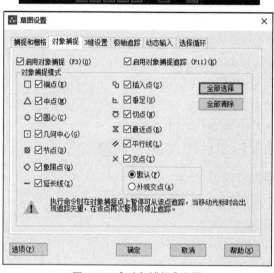

图 4-57 【对象捕捉】设置

（3）捕捉 500 mm×500 mm 的四边形的中心（形心），用【复制】命令⬚完成六个砖柱的绘制，如图 4-58 所示。

Step03 绘制砖柱之间的墙；绘制高窗；绘制卫生间的门，如图 4-59(a)所示。

Step04 绘制卫生间隔断位置线，如图 4-59(b)所示。

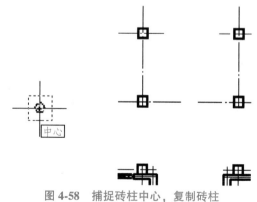

图 4-58 捕捉砖柱中心，复制砖柱

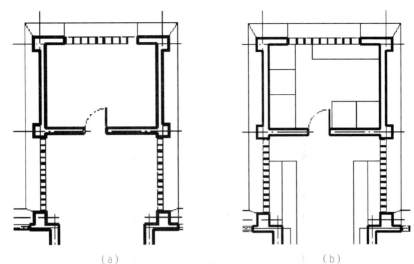

（a）   （b）

图 4-59 绘制卫生间的门与隔断位置线

（a）绘制卫生间的门；（b）绘制卫生间的隔断位置线

Step05 绘制卫生间蹲坑、小便槽。单击【标准】工具栏【工具选项板窗口】按钮，或者单击【工具】菜单下的【工具选项板】，弹出如图 4-60 所示【工具选项板】窗口，选择【建筑】选项卡，显示绘制建筑图样常用的图例工具。

可以发现【工具选项板】窗口上没有需要的卫生间的按钮，需要自行绘制。用【直线】命令，或者【矩形】命令和【圆】命令绘制卫生设备的形状，再用【缩放】命令，缩放到合适的大小，如图 4-61 所示。

图 4-60 工具选项板窗口

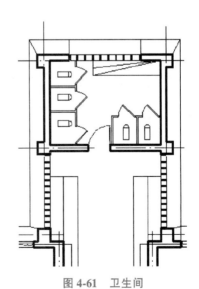

图 4-61 卫生间

技巧提示：

在实际绘制工程图纸时，为了提高绘图效率，可通过"设计中心"的图形库加载所需的"卫生间"设备。

○ 二、绘制台阶

Step01 分析图纸，本图共有 3 处台阶。台阶的踏步宽度为 300 mm，东、西两侧的台阶简单，把楼梯图层设置为当前图层。用【直线】命令和【偏移】命令完成，如图 4-62 所示。

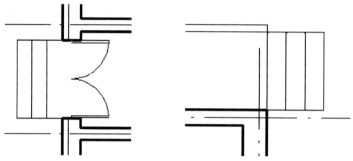

图 4-62 东西两侧的台阶

Step02 绘制主要入口处的台阶，最里面的尺寸为 5 400 mm×1 000 mm。

在绘制时可以在门厅入口处直接绘制，按照尺寸先进行计算，再绘制。

快捷的方法是：在绘图区域，用【直线】命令先绘制 1 000 mm、5 400 mm 的 3 条直线；再分别偏移 300 mm，如图 4-63 所示。

图 4-63 台阶绘制步骤

绘制辅助直线连接 2 侧，再用【移动】命令捕捉中点，移动到门厅入口处，如图 4-64 所示。

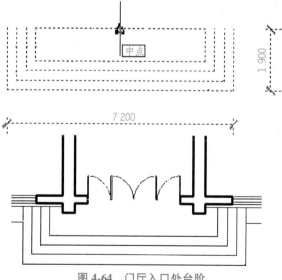

图 4-64 门厅入口处台阶

三、绘制楼梯

一般建筑图中楼梯都有楼梯详图，所以，在建筑平面图中并不需要非常精确的绘制楼梯平面图，如图 4-65 所示(详细绘制见项目七任务 2)。

Step01 将楼梯图层设置为当前图层。

Step02 单击【绘图】工具栏中的【直线】按钮，绘制直线，单击【偏移】命令或者【复制】命令绘制其他平行直线。绘制楼梯栏杆线。绘制隔墙线。

Step03 单击【绘图】工具栏中的【多段线】命令绘制"折断线"和"箭头线"。

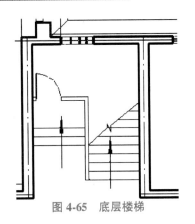

图 4-65 底层楼梯

四、绘制散水

Step01 将散水图层设置为当前图层。

Step02 绘制散水。

散水绘制的方法有多种，最常用的方法是用单击【绘图】工具上的【直线】按钮 ✏，距离外墙 600 mm 处绘制直线。

对于外形复杂的散水，快捷的方式还有两种。

方法一：多段线绘制法：

(1)关闭除墙体和散水外的其余图层，激活状态栏中的【正交】按钮 ▢，单击【绘图】工具栏上的【多段线】按钮 ↗，沿着外墙轮廓线绘制成封闭的多段线，如图 4-66 所示。

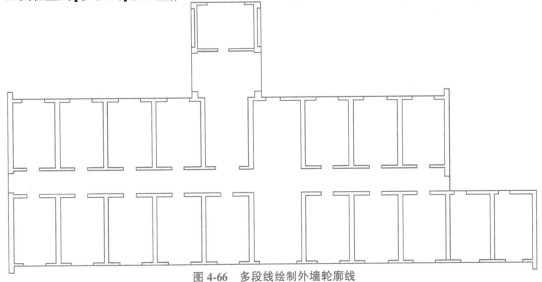

图 4-66 多段线绘制外墙轮廓线

（2）单击【修改】工具栏中的【偏移】按钮 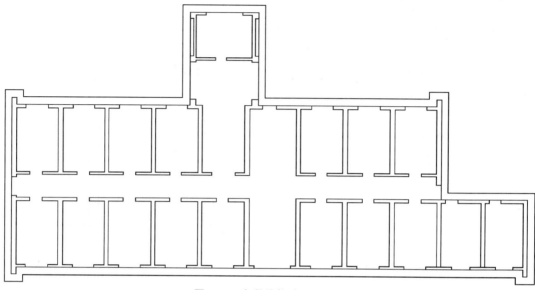，向外偏移 600 mm，如图 4-67 所示。

图 4-67 多段线偏移 600 mm

（3）绘制其他直线，删除绘制的多段线，留下偏移的多段线，完成散水绘制，如图 4-68 所示。

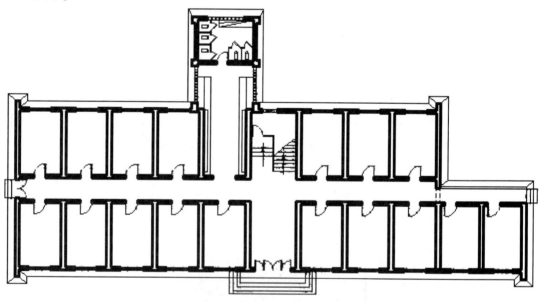

图 4-68 散水绘制

方法二：多线绘制法：

（1）执行【格式】|【多线样式】菜单命令，弹出【多线样式】对话框，单击 新建(N)... 按钮，弹出【创建新多线样式】对话框，在新样式名文本框输入"600"， 继续 按钮被激活。单击 继续 按钮，弹出【新建多线样式：600】对话框。

（2）在该对话框中完成以下任务：

①在【说明】文本框中输入"600"，作为标志。

②在【元素】列表框中选中"0.5"，然后在【偏移】文本框中输入数值"600"。在【元素】列表框中选中"–0.5"，然后单击【元素】选项区中的 删除(D) 按钮，如图 4-69 所示。

③单击 确定 按钮，返回【多线样式】对话框，如图 4-70 所示，样式预览框中显示出新多线样式"600"的效果。

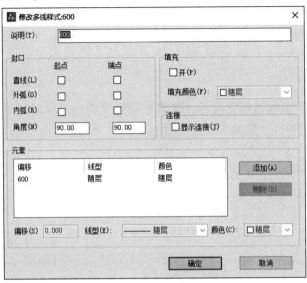

图 4-69　散水（600）多线样式创建

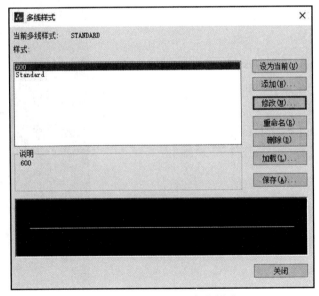

图 4-70　散水（600）多线样式

（3）绘制多线。

①在命令行中输入【多线】的快捷命令 ML。

②根据提示输入"J"设置对正方式为"无(Z)"，输入"S"，设置比例为"1"，"ST=600"。

③沿着外墙直接绘制，完成散水的绘制。

任务六 文字与尺寸标注、轴号绘制

任务引入

在中望CAD中，基本图形完成后，还需要通过文字和尺寸对图形进行补充说明，以便用户能够结合文字和尺寸读懂图纸进行施工。

相关知识

一、尺寸标注

尺寸标注的组成一般有4个元素，即标注文字、尺寸线、箭头和尺寸界线。对于圆及圆弧标注还有圆心标记和中心线。

1.【尺寸标注】命令启动方法

• 命令：DINLINEAR(DLI)。

• 菜单：执行【标注】菜单下选择合适的命令，如图4-71所示。

• 工具栏：单击【标注】工具栏某个按钮可以进行相应的尺寸标注，如图4-72所示。

图4-71 【标注】菜单

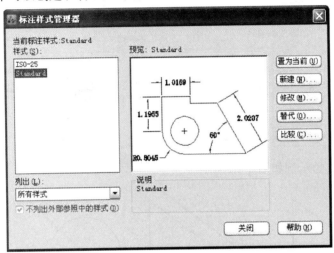

图 4-72　【标注】工具栏

🖋 2. 尺寸标注样式

在进行尺寸标注时，使用当前尺寸样式进行标注。尺寸标注样式用于控制尺寸变量，包括尺寸线、标注文字、尺寸文本相对于尺寸线的位置、尺寸界线、箭头的外观方式、尺寸公差、替换单位等。

执行【标注】|【标注样式】菜单命令，弹出如图 4-73 所示的【标注样式管理器】对话框，在该对话框中可以创建和管理尺寸标注样式。

图 4-73　【标注样式管理器】对话框

单击【新建】按钮，弹出如图 4-74 所示的【创建新标注样式】，在该文本框中输入新尺寸标注样式名称，在【基础样式】下拉列表中，选择新尺寸标注样式的基准样式，在【用于】的下拉列表中指定新样式的应用范围。

图 4-74　【创建新标注样式】对话框

单击【继续】按钮，关闭【创建新标注样式】对话框，弹出如图 4-75 所示的对话框。对话框中的 7 个选项，用户可以在各个选项中设置相应的参数。

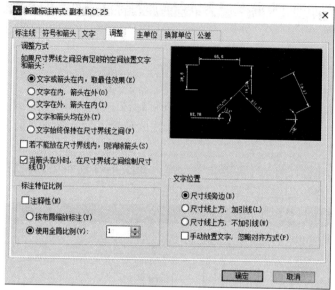

图 4-75 【新建标注样式】对话框

3. 基本尺寸标注举例

基本尺寸标注的示例如图 4-76 所示。

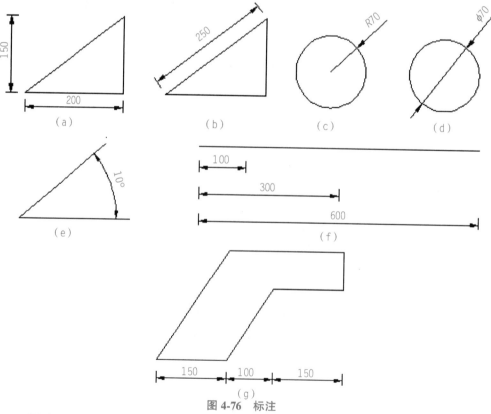

图 4-76 标注

(a)线性标注；(b)对齐标注；(c)半径标注；(d)直径标注；(e)角度标注；(f)基线标注；(g)连续标注

4. 尺寸标注编辑

激活方法：

- 命令：DIMTEDIT。
- 菜单：执行【标注】|【对齐文字】菜单命令。
- 工具栏：单击【标注】工具栏的【编辑标注文字】按钮 ⬛。

二、文字标注

（1）设置文字样式（详见项目三中任务 1 中"文字样式设置"）。

（2）单行文字标注。

激活单行文字样式的方法如下：

- 命令：TEXE、DTEXT（DT）。
- 菜单：执行【绘图】|【文字】|【单行文字 S】菜单命令。
- 工具栏：单击【文字】工具栏的【单行文字】按钮 ⬛。

（3）创建单行文字时指定文字样式的步骤：

①执行【绘图】|【文字】|【单行文字】菜单命令。

②输入 S（样式）。

③在【输入样式名】提示下输入现有文字样式名。

④如果要先查看文字样式的列表，请输入？并按两次 Enter 键。

⑤继续创建文字。

（4）单行文字的特殊符号的代码，见表 4-1。

表 4-1　单行文字的特殊符号的代码

代码输入	字符	说明
%%%	%	百分号
%%C	φ	直径符号
%%P	±	正负公差符号
%%D	°	度
%%O	-	上画线
%%U	-	下画线

（5）多行文字。MTEXT 可在绘图区域用户指定的文本边界框内输入文字内容，并将其视为一个实体。此文本边界框定义了段落的宽度和段落在图形中的位置。

激活多行文字样式的方法如下：

- 命令：MTEXT（MT）。
- 菜单：执行【绘图】|【文字】|【多行文字 M】菜单命令。
- 工具栏：单击【绘图】或者【文字】工具栏的【多行文字】按钮 ⬛。

任务实施

一、尺寸标注

打开【图层特性管理器】窗口，将【尺寸标注】图层设置为当前图层。

Step01 创建国标尺寸标注。

(1)单击【标注】工具栏上的 ，打开【标注样式管理器】对话框，如图 4-77 所示。

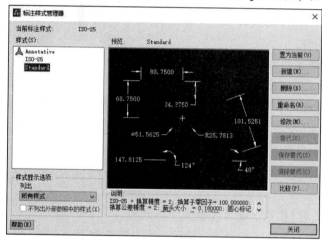

图 4-77 【标注样式管理器】对话框

(2)单击【新建】按钮，出现【创建新标注样式】对话框，在【新样式名称】中输入【建筑工程标注】，单击【继续】按钮，打开【新建标注样式：建筑工程标注】对话框，如图 4-78 所示。该对话框有 7 个选项卡，在这些选项卡中可以进行以下设置：

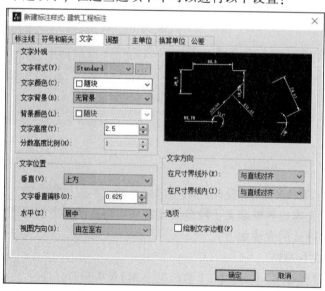

图 4-78 【新建标注样式】对话框

①在【直线和箭头】选项卡中，在【基线间距】、【超出尺寸线】、【起点偏移量】文本框中分别输入"8""1.8""2.0""8"在【箭头】分组框的【第一个】下拉列表框中选取【建筑标记】，在【箭头大小】文本框中输入"1.3"，如图 4-79 所示。

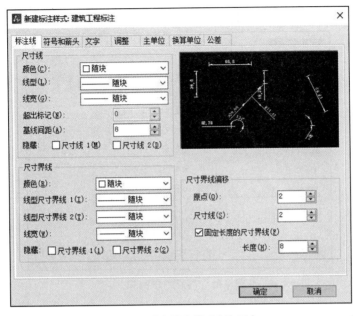

图 4-79　【直线和箭头】选项卡

②在【符号与箭头】选项卡中，在【箭头】分组框的【第一个】下拉列表框中选取【建筑标记】，在【箭头大小】文本框中输入"1.3"如图 4-80 所示。

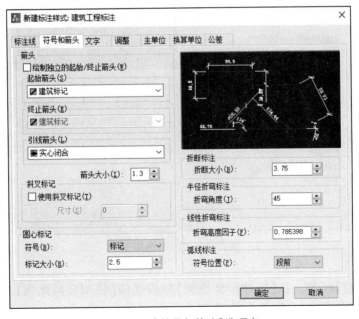

图 4-80　【符号与箭头】选项卡

③单击【文字】标签，单击 文字样式(Y): Standard 按钮中的 按钮，进行"字体样式"的设置(详见项目三任务 1)，设置为如图 4-81 所示的"数字"字体样式，【从尺寸线偏移】输入"0.8"，如图 4-82 所示。

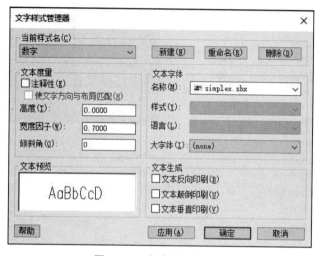

图 4-81 "数字"字体样式

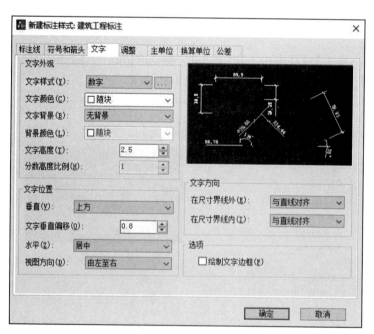

图 4-82 【文字】选项卡

④单击【调整】标签，在【标注特征比例】分组框的【使用全局比例】文本框中，输入"100"(绘图比例的倒数)，如图 4-83 所示。

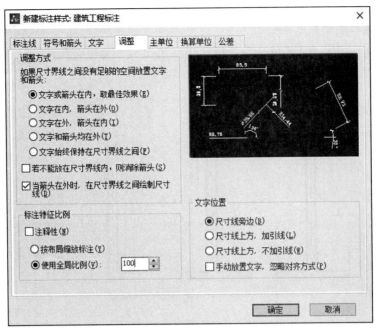

图 4-83　【调整】选项卡

⑤单击【主单位】标签，在【小数分隔符】下拉列表中选择"句点"，如图 4-84 所示。

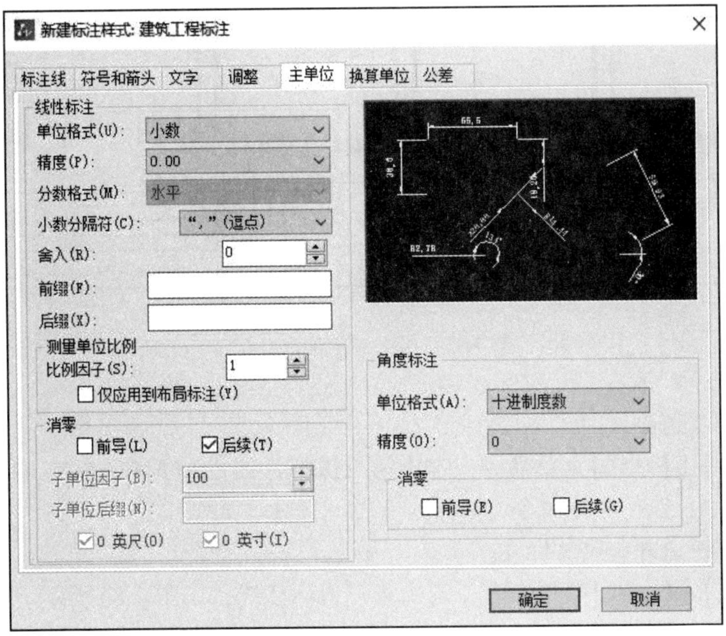

图 4-84　【主单位】选项卡

⑥单击【确定】按钮，返回到【标注样式管理器】对话框，单击【置为当前】按钮。

Step02 第一道细部尺寸标注。

执行【标注】|【线性】菜单命令，标注第一道尺寸，再执行【标注】|【连续】菜单命令，执行标注命令，标注所有细部尺寸，如图 4-85 所示。

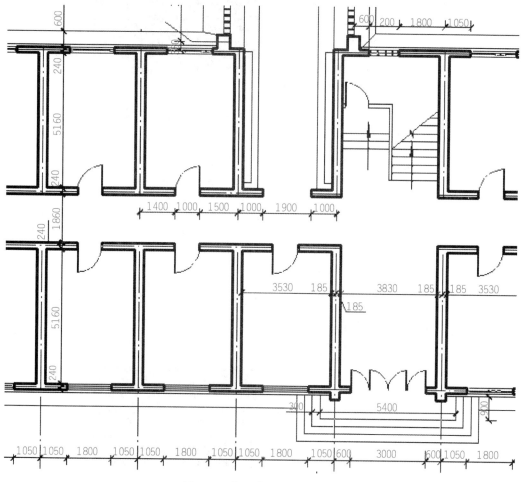

图 4-85 第一道细部尺寸标注

Step03 第二道轴线间定位尺寸标注。

执行【标注】|【基线】菜单命令，定出第二道标注线的位置和数字，再执行【标注】|【连续】菜单命令，执行标注命令，标注所有轴间尺寸，如图 4-86 所示。

Step04 第三道外包尺寸标注。

执行【标注】|【基线】菜单命令，定出第三道标注线，如图 4-86 所示。

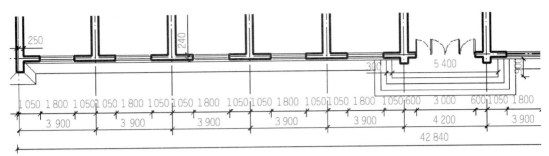

图 4-86 第二、三道尺寸线标注

Step05 室内标高符号绘制(详见项目五中任务)。

二、标注文字

分析图纸,本图文字标注有:房间功能的文字、门窗的文字、图名文字、说明文字。

Step01 设置文字样式。

(1)执行【格式】|【文字样式】菜单命令,弹出【字体样式】对话框,在此对话框中单击【新建】按钮,弹出【新建文字样式】对话框,在该对话框中输入"汉字",单击【确定】按钮。返回到【字体样式】对话框,设置参数如图 4-87 所示。

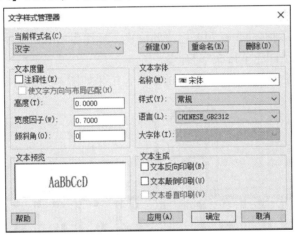

图 4-87 汉字文字样式

(2)单击【应用】按钮,再单击【确定】按钮。

(3)同样再新建数字字体样式,如图 4-88 所示。

图 4-88 数字文字样式

Step02 进行单行文字标注。

（1）将文字图层设置为当前图层，执行【绘图】|【文字】|【单行文字】命令，在绘图区输入文字，图名的文字标注时，汉字高度设为 1 000，数字高度设置为 700，绘图区出现文字字样，如图 4-89 所示。

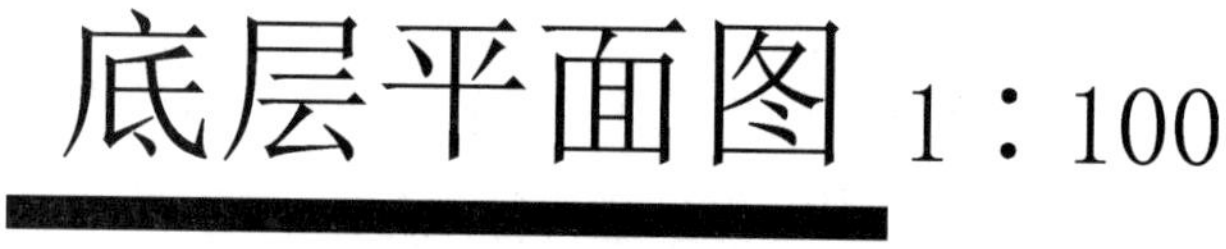

底层平面图 1：100

图 4-89 单行文字示例

（2）用同样的方式，标注"宿舍"（字高为 600）。分别移动光标到要标注的位置，标注出所有的文字。

（3）按 Enter 键，结束【单行文字】命令。

（4）用同样的方法，标注各个门、窗的型号，结果如图 4-90 所示。

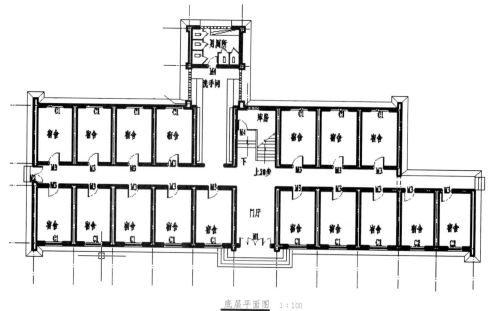

图 4-90 底层平面图文字标注

Step03　进行多行文字标注。

单击【绘图】工具栏的【多行文字】按钮，在图纸的左下方插入"说明"，字高为800，如图4-91所示。

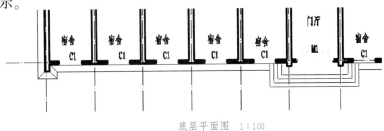

图 4-91　"说明"部分多行文字

三、轴号绘制

轴线也称为定位轴线。在建筑施工图中，房间结构比较复杂，定位轴线很多且不易区分，为了在施工时进行定位放线和查阅图纸，因此需要注明编号。

Step01　将轴线编号图层设置为当前。

Step02　单击【绘图】工具栏中的【圆】按钮绘制直径为800的圆，执行【绘图】|【块】|【定义属性】菜单命令，制作轴号的块（详见任务4中"块的属性"）。

Step03　在【绘图】工具栏中，单击【插入块】按钮，选择保存的块，单击【确定】按钮，返回绘图区，插入轴号，修改轴号值。如果编号数值的大小不合适，则双击轴号，弹出如图4-92所示的对话框。单击【文字选项】标签，在文字高度中进行调整。

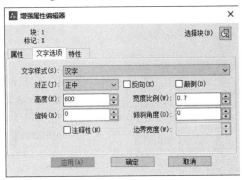

图 4-92　【增强属性编辑器】对话框

技巧提示：

轴号连续标注时，标注下一个轴号时可通过连续2次按Enter键，输入轴编号数值完成，如图4-93所示。

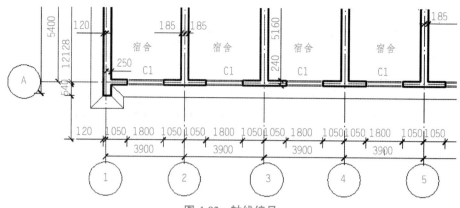

图 4-93 轴线编号

四、其他

绘制指北针(详见项目三中任务),插入图框(详见项目五任务),完成底层平面图的绘制,如图 4-1 所示。

任务考核

(1)设置图限:以原点(0,0)为左下角设立水平放置的 A2 号图形界限。

(2)按表 4-2 要求设置图层及有关特性。

表 4-2 任务考核表

图层名	颜 色	线 型	线 宽	层上主要内容
0	白	Continuous	Default	图框等
01	黄	Continuous	$b=0.7$,各图层线宽符合《建筑制图标准》(GB/T 50104 -2010)规范要求。	粗线
02	青	Continuous		中粗线
03	白	Continuous		中线
04	蓝	Continuous		细线
05	红	ACAD_ ISOO4W100		点画线
06	绿	HIDDEN		虚线
07	白	Continuous		标注尺寸
08	白	Continuous		注写文字

提示:

《建筑制图标准》(GB/T 50104-2010)规范要求:线宽规定,粗实线 b,中粗实线 $0.7b$,中实线 $0.5b$,细实线 $0.25b$。

(3)已知墙体厚度为 240 mm,抄绘图 4-94。

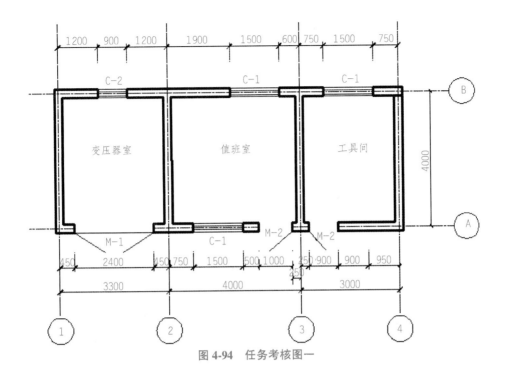

图 4-94　任务考核图一

（4）抄绘图 4-95（用镜像命令）。

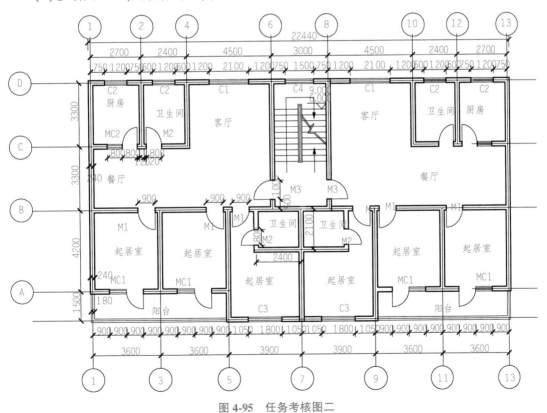

图 4-95　任务考核图二

复习思考

单项选择题

(1) 使用多线绘图命令 MLINE，不可以(　　)。

A. 绘制带中心线的直多线　　　　　　B. 绘制不同颜色的两条直线

C. 绘制 4 条直线　　　　　　　　　　D. 带线宽的多线

(2) 在设置多线 MLSTYLE 时，以下说法不正确的是(　　)。

A. 当前使用过的多线样式无法修改　　B. 无法设置两端用直线封端的多线

C. 无法设置两端用圆弧封端的多线　　D. 可以删除多线 STANDARD 类型

(3) 用 PLINE 命令所画的有宽度的线段，用 EXPLODE 命令将其分解后，线型的宽度为(　　)。

A. 不变　　　　　　　　　　　　　　B. 【格式】|【线宽】中设置的线宽

C. 细实线　　　　　　　　　　　　　D. 多段线中设置的线宽消失

(4) 在下列命令中，不可以改变对象大小或长度的命令是(　　)。

A. 比例缩放命令　　　　　　　　　　B. 拉伸命令

C. 拉长命令　　　　　　　　　　　　D. 复制命令

(5) 多次复制 COPY 对象的选项为(　　)。

A. M　　　　　　　B. D　　　　　　　C. P　　　　　　　D. E

(6) 利用旋转中的【复制(C)】选项可以(　　)。

A. 将对象旋转并复制　　　　　　　　B. 将对象旋转

C. 将对象复制　　　　　　　　　　　D. 将对象旋转并复制多个对象

(7) 通过夹点编辑，其功能有：移动、镜像和(　　)。

A. 复制、比例缩放、拉伸　　　　　　B. 阵列、复制、旋转

C. 旋转、比例缩放、拉伸　　　　　　D. 偏移、拉伸、复制

(8) 在下列命令中，调用一次可复制生成多个与源对象完全相同结构大小和方向的命令是(　　)。

A. 阵列命令　　　B. 偏移命令　　　C. 镜像命令　　　　D. 移动命令

(9) 在下列命令中，可以改变对象大小或长度的命令是(　　)。

A. 撤销命令　　　B. 删除命令　　　C. 修剪命令　　　　D. 镜像命令

(10) 一条 LINE 直线有三个夹点，拖动中间夹点可以(　　)。

A. 更改直线长度　　　　　　　　　　B. 移动直线、旋转直线、镜像直线等

C. 更改直线的颜色　　　　　　　　　D. 更改直线的斜率

绘制建筑立面图

项目导读

　　本章讲解了建筑立面图的形成、用途、内容等基础知识，详细讲解了建筑立面图的绘制要求及流程；再通过绘制某学校宿舍楼的建筑立面图实例，讲解了在中望 CAD 环境中绘制立面图的方法，包括设置绘图环境，绘制辅助线、立面窗、立面门、立面阳台等，最后进行尺寸、文字、标高、轴线编号、图名的标注等。在最后的任务考核中让读者自行练习，达到熟练掌握绘制建筑立面图的目的。

学习目标

- 掌握建筑立面图的绘制方法。
- 掌握定数等分、阵列等命令。

学习情境

　　某学校拟新建两幢学生宿舍楼，其建筑南立面图如图 5-1 所示，请运用中望 CAD 绘制该学校宿舍楼的建筑立面图。

　　绘制思路：

　　从南立面图可以看出，该图采用 1∶100 的比例绘制。其立面尺寸可参照建筑平面图中读取。

　　整个绘制过程包括：设置绘图环境，绘制轮廓线，室外地平线，立面门窗、阳台，屋顶及室外设施，文字，尺寸标注。

南立面图 1:100

图 5-1　南立面图

任务一　绘制辅助线

任务引入

在绘制该建筑立面图时，首先要设置绘图环境，再根据建筑平面图相应的墙体引出相应的垂直线段，从而形成立面图的轮廓。

任务实施

绘图环境的设置可参照项目四中对建筑平面图绘图环境的设置方法，来对建筑立面图进行相应的设置。

1. 规划图层

由图 5-1 所示可知，该建筑立面图主要由建筑外轮廓线、门窗、墙体、地坪线、文字标注、尺寸标注、轴线编号等元素组成，因此绘制立面图形时，应建立相应图层。

Step　启动中望 CAD 软件，新建一个 dwg 格式文件，执行【格式】|【图层】菜单命令（LA），或单击【图层】工具栏中的【图层特性管理器】按钮　面板，设置图层的名称、线宽、线型和颜色等，如图 5-2 所示。

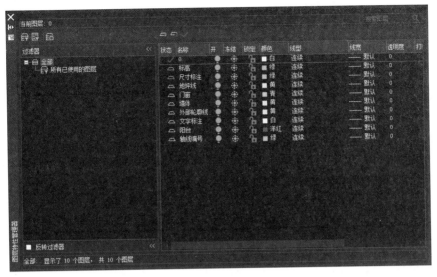

图 5-2 创建图层

🔧 2. 绘制辅助线

Step01 打开"底层平面图"文件，在【图层】工具栏的【图层控制】下拉列表中，关闭"门窗""楼梯""文字""轴线""轴线编号"等图层。

Step02 执行【直线】命令(L)，绘制一条水平直线，将该直线向下偏移"900"，向上偏移"1 800""2 400"，形成三条水平辅助线，如图 5-3 所示。

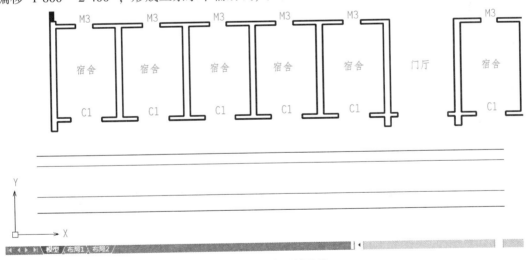

图 5-3 绘制水平辅助线

Step03 再执行【直线】命令(L)，打开【正交】模式(F8)，分别捕捉平面图外墙上的门窗洞口的端点，绘制竖向辅助线，如图 5-4 所示。

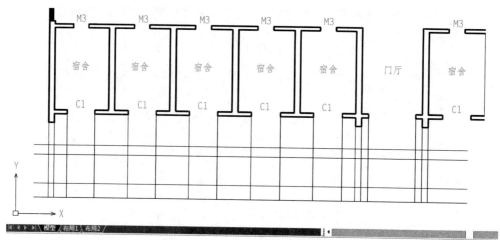

图 5-4 绘制竖向辅助线

Step04 执行【修剪】命令(TR)，修剪多余线段，形成门窗轮廓线，如图 5-5 所示。

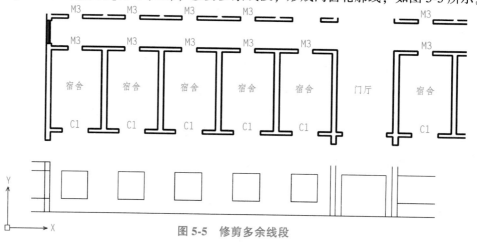

图 5-5 修剪多余线段

任务考核

请按照以上绘图步骤，运用中望 CAD 设置相应的绘图环境，并绘制出辅助线。

任务二 绘制窗立面

任务引入

在绘制该建筑窗立面时，需要使用到【直线】、【修剪】、【偏移】、【定数等分】等命令。

相关知识

绘制定数等分点是指将点对象沿指定对象的长度或周长方向等间隔排列。

Step01　执行【绘图】|【点】|【定数等分】菜单命令，如图5-6所示；选择要定数等分的对象：选择已有直线，如图5-7所示。输入线段数目"3"。

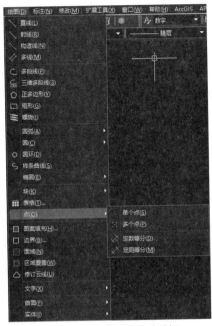

图 5-6　【定数等分】对话框

70

图 5-7　定数等分选择对象

Step02　执行【格式】|【点样式】菜单命令，弹出【点样式】对话框，从弹出的对话框中选择一个点样式。可以根据需要设置不同的点样式，如图5-8所示。

Step03　如图5-9所示的直线，已经定数等分出3等份。

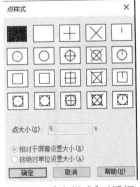

图 5-8　【点样式】对话框

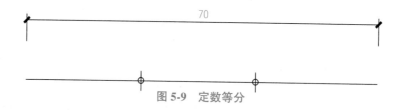

图 5-9 定数等分

任务实施

1. 转换图层

Step01 先选择窗的轮廓线，再单击 [图层工具栏图标] 的右侧按钮，在弹出的下拉列表中选择"门窗"图层，将所选图形由"0"图层转换到"门窗"图层。

Step02 重复上述操作，将突出的墙垛投影线转换为"墙体"图层。

Step03 单击【图层列表】，选择"门窗"图层，将"门窗"图层设置为当前图层。

2. 绘制窗立面

Step01 执行【绘图】|【点】|【定数等分】菜单命令，如图 5-6 所示；选择要定数等分的对象，如图 5-10 所示。输入线段数目"3"。

Step02 执行【直线】命令(L)，捕捉窗下边缘线的两个等分点，绘制两条竖线，如图 5-11(a)所示。

Step03 执行【偏移】命令，选择窗户的上边缘，向下偏移"500"，如图 5-11(b)所示。

Step04 执行【修剪】命令，按照图 5-1 建筑南立面图修剪多余线段，形成窗户的大致雏形，如图 5-11(c)所示。

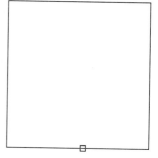

图 5-10 选择定数等分的对象

Step05 执行【偏移】命令，偏移距离为"25"，绘制窗框、窗楣，如图 5-11(d)所示。

Step06 执行【删除】、【修剪】命令，删除、修剪多余线段，如图 5-11(e)所示。

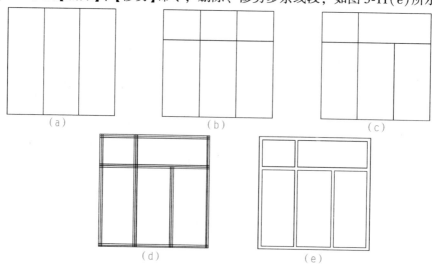

（a） （b） （c）

（d） （e）

图 5-11 立面窗绘制流程

Step07   用相同的方法绘制其他窗，如图 5-12 所示。

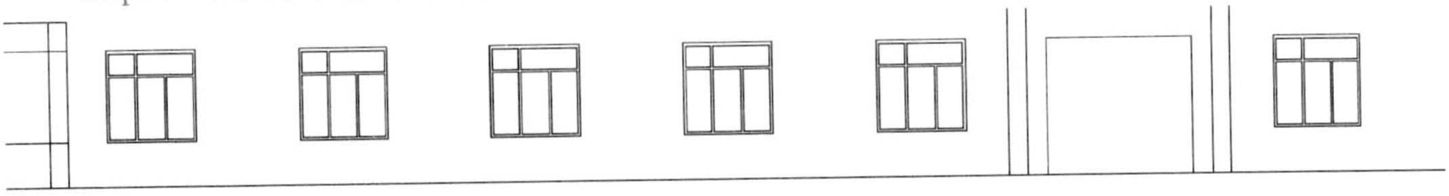

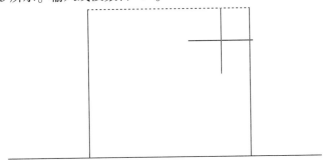

图 5-12   绘制窗立面

技巧提示：

当绘制完成一个窗立面时，其他窗立面可用原方法绘制，也可用【复制】命令进行绘制，以提高绘图速度。

任务三　绘制门立面

任务引入

在绘制该建筑窗立面时，需要使用到【直线】、【修剪】、【偏移】、【定数等分】等命令。

任务实施

1. 转换图层

Step01   先选择门的轮廓线，再单击 ⬚ ♀ ☀ 👁 🔒 ▣ 0 ▾ 的右侧按钮，在弹出的下拉列表中选择"门窗"图层，将所选图形由"0"图层转换到"门窗"图层。

Step02   单击【图层列表】，选择"门窗"图层，将"门窗"图层设置为当前图层。

2. 绘制门立面

Step01   执行【绘图】|【点】|【定数等分】菜单命令，如图 5-6 所示；选择要定数等分的对象，如图 5-13 所示。输入线段数目"4"。

图 5-13   选择定数等分的对象

Step02   执行【直线】命令（L），捕捉门上边缘线的三个等分点，绘制三条竖线，如图

5-14（a）所示。

Step03　执行【偏移】命令，选择门的上边缘，向下偏移"500"，如图 5-14（b）所示。
Step04　执行【偏移】命令，偏移距离为"50"，绘制门的边框，如图 5-14（c）所示。
Step05　执行【偏移】命令，偏移距离为"25"，绘制门的内边框，如图 5-14（d）所示。
Step06　执行【删除】、【修剪】命令，删除、修剪多余线段，如图 5-14（e）所示。
Step07　执行【偏移】命令，偏移距离为"100"，绘制门的内玻璃，执行【修剪】命令，
修剪多余线段，如图 5-14（f）所示。

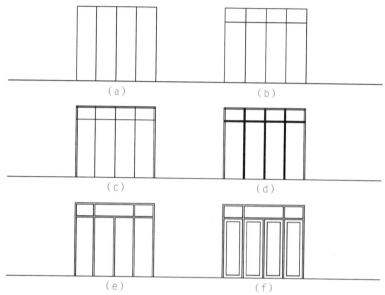

图 5-14　立面门绘制流程

任务四　生成立面图

任务引入

在绘制该建筑窗立面时，需要使用到【直线】、【修剪】、【偏移】、【定数等分】等命令。

相关知识

阵列是一个多重复制对象的方法，它的复制方式可分为矩形阵列和环形阵列两类。下面分别介绍其操作方法。

（1）矩形阵列。执行【修改】|【阵列】|【经典阵列】菜单命令（AR），弹出如图 5-15 所示的【阵列】对话框，默认情况下为"矩形阵列"方式。对话框分为五个部分：阵列方式选

择区、阵列参数区、选择对象按钮、预览窗口、命令按钮区。

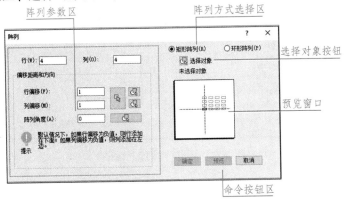

图 5-15　矩形【阵列】对话框

如图 5-16(a)所示，执行矩形阵列命令，具体操作步骤如下：

Step01　执行【阵列】命令，弹出【阵列】对话框。

Step02　单击【选择对象】按钮，暂时隐藏【阵列】对话框，切换到绘图窗口。

Step03　选择"凳子(小矩形)"为阵列对象，右击返回【阵列】对话框。

Step04　设置阵列参数见表 5-1。

表 5-1　阵列参数一

参数	行	列	行偏移	列偏移	阵列角度
参数值	2	5	160	80	0

单击 确定 按钮，退出【阵列】对话框，结束命令。阵列结果如图 5-16(b)所示。

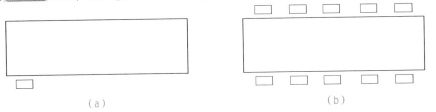

（a）　　　　　　　　　　　　　　（b）

图 5-16　"矩形阵列"操作

(a)阵列图样；(b)阵列结果

技巧提示：

行偏移和列偏移距离为正值，对象分别向上和向右阵列；行偏移和列偏移距离为负值，对象分别向下和向左阵列。

(2)环形阵列。选中【环形矩阵】按钮就切换到"环形阵列"方式，如图 5-17 所示。

如图 5-18(a)所示，执行环形阵列命令，具体操作步骤如下：

Step01　执行【阵列】命令，弹出【阵列】对话框，切换到"环形阵列"方式。

Step02　单击【选择对象】按钮，暂时隐藏【阵列】对话框，切换到绘图窗口。

Step03　选择"圆凳"为阵列对象，右击返回【阵列】对话框。

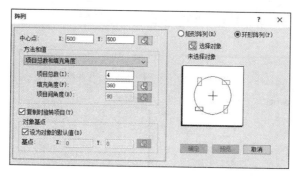

图 5-17 环形【阵列】对话框

Step04 设置阵列参数见表 5-2。

表 5-2 阵列参数二

参数	方法	项目总数	填充角度
参数值	项目总数和填充角度	7	360

Step05 单击【中心点】右侧的▣按钮，退出【阵列】对话框，返回到绘图窗口。

Step06 打开【对象捕捉】开关，捕捉圆心 A，右击返回【阵列】对话框。

Step07 单击 确定 按钮，退出【阵列】对话框，结束命令。阵列结果如图 5-18(b)所示。

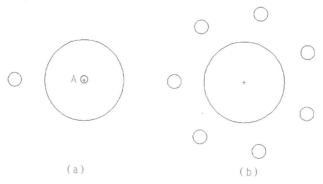

（a） （b）

图 5-18 "环形阵列"操作

(a)阵列图样；(b)阵列结果

🔧 任务实施

🔍 1. 阵列生成立面图

Step01 执行【阵列】命令，弹出【阵列】对话框，选择"矩形阵列"方式。

Step02 单击【选择对象】按钮▣，暂时隐藏【阵列】对话框，切换到绘图窗口。

Step03 选择"已绘制好的单元立面图形"为阵列对象，右击返回【阵列】对话框。

Step04 设置阵列参数见表 5-3。

表 5-3　阵列参数三

参数	行	列	行偏移	列偏移	阵列角度
参数值	4	1	3 300	0	0

单击 确定 按钮，退出【阵列】对话框，结束命令。阵列结果如图 5-19 所示。

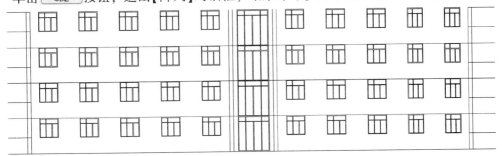

图 5-19　阵列效果

Step04　根据实际图形，删除二至四层中间部分门，绘制成窗，如图 5-20 所示。

图 5-20　补全窗

🔧 2. 绘制室外地坪线

Step01　执行【延伸】命令，将外墙线向下延伸"600"，如图 5-21 所示。

图 5-21　下延外墙线

Step02　将"地坪线"图层设置为当前图层。

Step03　执行【多线段】命令，设置"线宽"为"100"，捕捉山墙端点，绘制室外地坪线，如图 5-22 所示。

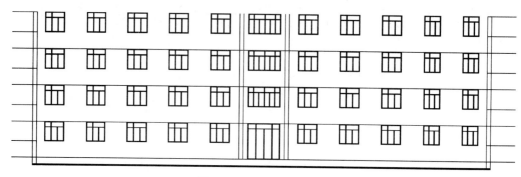

图 5-22　绘制室外地坪线

Step04　执行【延伸】命令，将室外地坪线两侧各延伸"3 000"，如图 5-23 所示。

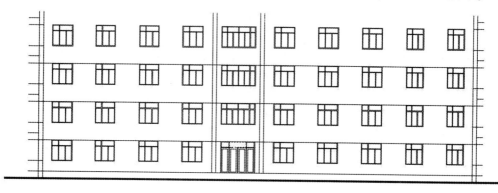

图 5-23　延伸地坪线

3. 绘制屋顶

Step01　将"地坪线"图层设置为当前图层。

Step02　执行【直线】命令（L），绘制四层顶部窗台线，如图 5-24 所示。

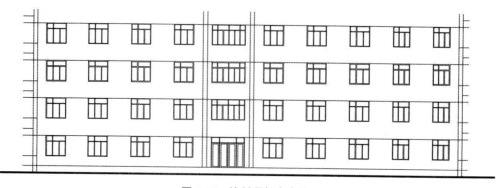

图 5-24　绘制顶部窗台线

Step03　按照图 5-1 所示，执行【偏移】命令，选择四层顶部窗台线，分别向上偏移

"200""400""340""600"；执行【延伸】命令，将外墙线延伸至屋顶，效果如图5-25所示。

图 5-25　绘制屋顶

4. 绘制立面装饰线

按照图5-1所示，绘制立面装饰线，如图5-26所示。

图 5-26　绘制立面装饰线

5. 绘制室外踏步

Step01　执行【直线】命令，根据底层平面图绘制建筑室外踏步轮廓线，如图5-27所示。

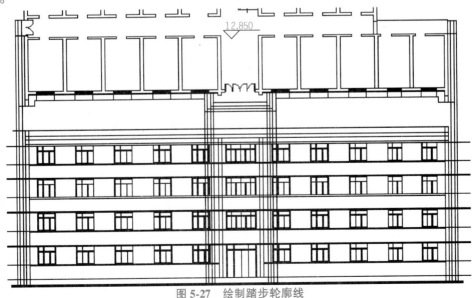

图 5-27　绘制踏步轮廓线

Step02 执行【修剪】、【删除】、【直线】命令，按照图 5-1 绘制建筑室外踏步，如图 5-28 所示。

图 5-28 修剪踏步轮廓线

任务五 标注标高

任务引入

在绘制建筑立面图时，不仅有尺寸标注，还要绘制标高标注。

相关知识

"属性图块"是中望 CAD 提供的一种特殊形式的图块。"属性图块"的实质就是由构成图块的图形和图块属性两种元素共同形成的一种特殊形式的图块。

通俗地讲，"图块属性"就是为图块附加的文字信息。图块属性从表现形式上看是文字，但它与单行文字和多行文字是两种完全不同的图形元素。图块属性是包含文字信息的特殊实体，它不能独立存在和使用，只有与图块相结合才具有实用价值。

"属性图块"的实用价值，就是将插入图块图形与输入文字两个操作在一个命令中同时完成，而且在插入图块时，图块中的属性文本可以根据需要及时输入，提高绘图效率。在建筑绘图中，对于如轴线编号、标高符号等频繁使用的一些标准符号，将其制作成属性图块，是一个有意义的操作。

（1）定义图块属性的执行方法：执行【绘图】|【块】|【定义属性】菜单命令。

（2）定义图块属性操作说明。

按上述方法执行命令，弹出如图 5-29 所示的【定义属性】对话框，其中各选项意义如下：

①标记：设置属性标志。本属性不能空，必须填写。

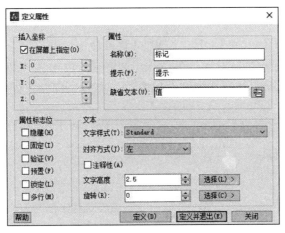

图 5-29　【定义属性】对话框

②提示：设置属性提示，引导用户输入正确的属性值。如果本项为空（不填），将以"标记"属性内容作为提示信息。

③缺省文本：定义图块属性的"默认值"。

"插入坐标"选择区用于确定属性文本的插入位置。单击【选择】按钮，可暂时隐藏当前对话框，切换到图形窗口中选择插入点。

"文本"区的五个属性参数用于设置属性文本的参数。

任务实施

1. 绘制标高符号

Step01　执行【直线】命令，在绘图区任意位置单击鼠标左键作为起点，输入"@ 15，0"，右击确定。

Step02　继续输入"@ -3，-3"，右击确定。

Step03　继续输入"@ -3，3"，右击确定，得到如图 5-30 所示标高符号。

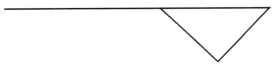

图 5-30　标高符号

Step04　执行【直线】命令，在标高符号下端绘制一条水平直线，如图 5-31 所示。

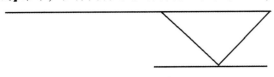

图 5-31　标高

2. 定义属性块

Step01　执行【绘图】|【块】|【定义属性】菜单命令，调出【定义属性】对话框，设置图块属性。按图 5-32 所示进行设置：在"标记"文本框中输入"%%P0.000"；设置"文字高度"为"2.5"。单击 选择(S) > 按钮切换到图形窗口，在"点 A"位置处单击确定插入基点后，"图块属性"定义完成，结果如图 5-33 所示。

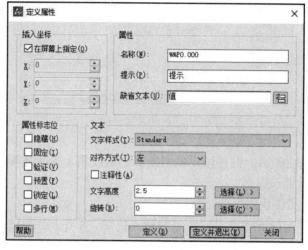

图 5-32　定义属性

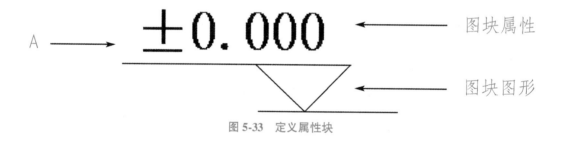

图 5-33　定义属性块

Step02　执行【绘图】|【块】|【创建】菜单命令，将标高符号和文件创建成一个新的属性块，命名为标高标注，如图 5-34 所示。

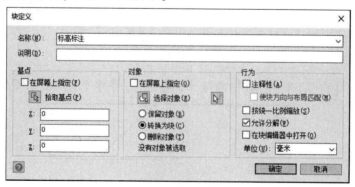

图 5-34　创建块

3. 绘制标高标注

在立面图原水平辅助线处插入"标高标注"图块。插入时，根据提示输入当前的标高值。标注后的结果如图 5-35 所示。

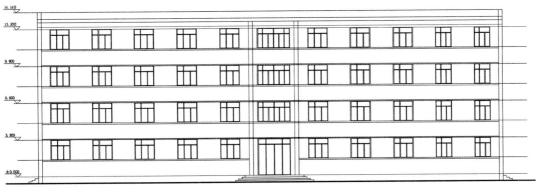

图 5-35　标高标注

4. 绘制立面图尺寸标注

执行【标注】命令，按照图 5-1 所示，标注立面图尺寸，标注后的效果如图 5-36 所示。

图 5-36　立面标注

5. 删除、修剪立面图中多余线段

执行【删除】、【修剪】命令，将多余线段删除、修剪。效果如图 5-37 所示。

图 5-37　修剪立面图

任务六 完成立面图绘制

**任务引入**

立面图中还包括轴线、图名、比例等内容。在绘制结束后还要插入图框。

任务实施

1. 绘制轴线

具体方法详见项目四中任务二绘制轴线。

2. 绘制图名、比例

Step01 执行【绘图】|【文字】|【单行文字】菜单命令，输入"南立面图 1∶100"，效果如图 5-38 所示。

Step02 执行【多线段】命令，宽度设置为"100"，在文字下方绘制一条直线，效果如图 5-39 所示。

南平面图 1∶100

图 5-38 绘制图名、比例

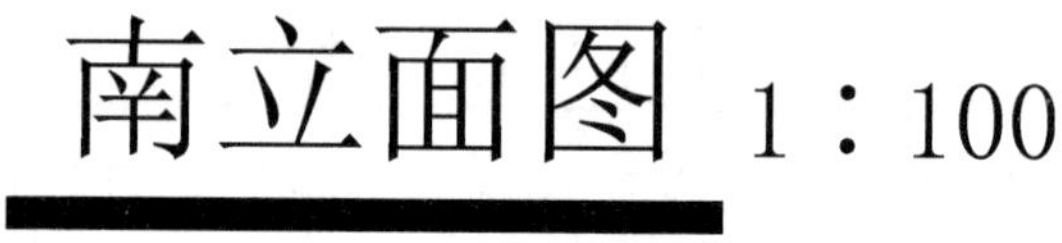

南立面图 1∶100

图 5-39 绘制直线

3. 绘制图框

Step01 执行【矩形】命令，绘制 A2 图框，单击任意地方指定第一点，在第二点的坐标中输入@594×420。

Step02 执行【偏移】命令，偏移距离设置为 10，选取矩形为偏移对象，偏移那一侧为矩形内部。这样图框就画好了。至于标题栏，按照规定的尺寸和线宽在右下角绘制。标题栏尺寸规格如图 5-40 所示。

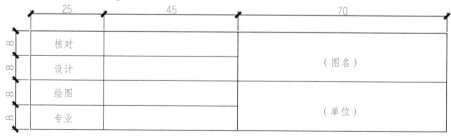

图 5-40 标题栏

图框绘制后效果如图 5-41 所示。

图 5-41　绘制图框

Step03　执行【缩放】命令，将图框扩大 100 倍。

Step02　执行【移动】命令，将立面图放置在图框中央部位，效果如图 5-42 所示。

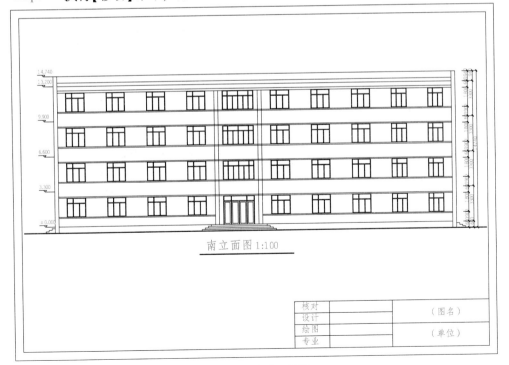

图 5-42　完成立面图

任务考核

上机操作：

（1）按表5-4要求设置图层及有关特性。

表5-4　图层设置

序号	图层名	颜色	线型	线宽	层上主要内容
1	外部轮廓线	黄	Continuous	0.70	外部轮廓线
2	墙体	黄	Continuous	0.30	墙体
3	地坪线	黄	Continuous	0.70	地坪线
4	轴线编号	绿	Continuous	0.18	轴线圆
5	门窗	青	Continuous	0.18	门窗
6	标高	绿	Continuous	默认	标高文字及符号
7	阳台	洋红	Continuous	默认	阳台等附属构件
8	尺寸标注	绿	Continuous	默认	尺寸标注
9	文字标注	白	Continuous	默认	图内文字、图名、比例

（2）运用【定数等分】命令绘制图5-43所示图形。

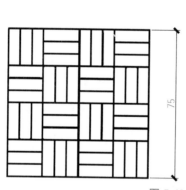 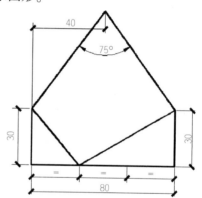

图5-43　任务考核一

（3）运用【阵列】和【修剪】命令绘制图5-44所示图形。

（4）运用【阵列】和【修剪】命令绘制图5-45所示图形。

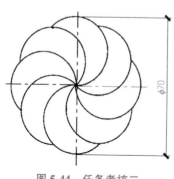 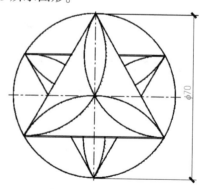

图5-44　任务考核二　　　　图5-45　任务考核三

（5）完成如图 5-46 所示的所有窗户的立面图。

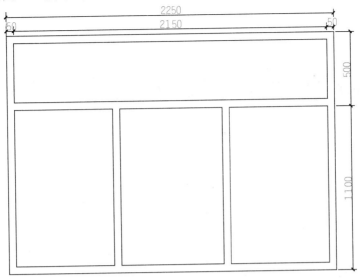

图 5-46　任务考核四

 复习思考

1. 选择题

（1）在 CAD 中定数等分的快捷键是（　　）。

    A. MI　　　　　　　　B. LEN　　　　　　　　C. F11　　　　　　　　D. DIV

（2）在 CAD 中要创建矩形阵列，必须指定（　　）。

    A. 行数、项目的数目以及单元大小　　B. 项目的数目和项目间的距离

    C. 行数、列数以及单元大小　　　　　　D. 以上都不是

2. 填空题

阵列命令的复制方式可分为＿＿＿＿＿＿和＿＿＿＿＿＿两大类。

绘制剖面图与查询图形信息

项目导读

建筑剖面图主要用于表达房屋内部高度方向构件布置、上下分层情况、层高、门窗洞口高度，以及房屋内部的结构形式。

本章节运用中望 CAD 绘制某学校宿舍区的建筑剖面图实例，详细讲解了建筑剖面图的绘制步骤与方法，包括设置图层，绘制地坪线、轴线、墙体、楼板、梁、门窗，以及添加尺寸、文字、图名标注等；最后在任务考核中让读者自行练习，达到熟练绘制建筑剖面图的目的。

查询建筑图形信息主要包括查询对象的距离、查询对象的面积、等分对象、获取图形信息等。

学习目标

- 掌握建筑剖面图的绘制方法。
- 掌握查询点坐标、两点之间的距离和指定区域的面积及周长的方法。
- 掌握查询图形对象的相关信息。

学习情境

某学校拟新建两幢学生宿舍楼，其建筑剖面图如图 6-1 所示，请运用中望 CAD 绘制该学校宿舍楼的建筑剖面图 2—2。

绘制思路：

从图 6-1 中 2—2 剖面图中可以看出，该图采用 1∶100 的比例绘制。

整个绘制过程包括：设置绘图环境，绘制地坪线和轴线，绘制一层，绘制标准层，绘制屋顶，标注尺寸、标高等几部分。

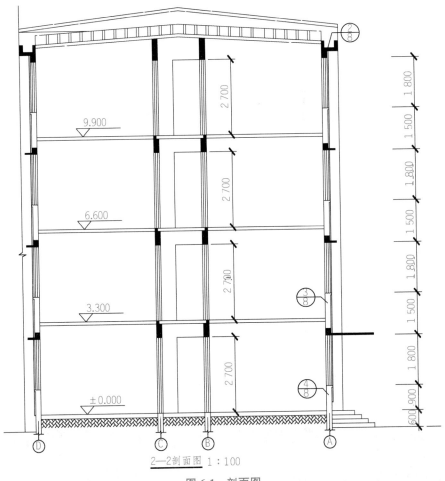

图 6-1　剖面图

任务一　绘制地坪线和轴线

任务引入

　　在绘制建筑剖面图时，首先要认真识读本建筑工程剖面图中所需的图线、文字、标注等，按照绘图需要设置图层。

任务实施

　　先运用中望 CAD 对图 6-1 的建筑进行绘图环境的设置，具体可参照项目三设置，在此不再赘述。

1. 设置图层

新建各层及对应线型设置见表 6-1。

表 6-1 图层设置

序号	图层名	线宽	线型	颜色	打印属性
1	地坪线	0.7 mm	实线	白色	打印
2	轴线	默认	点画线	红色	打印
3	辅助线	默认	实线	蓝色	不打印
4	墙体	0.5 mm	实线	白色	打印
5	楼板	0.5 mm	实线	白色	打印
6	梁	默认	实线	白色	打印
7	门窗	默认	实线	青色	打印
8	文字	默认	实线	白色	打印
9	尺寸	默认	实线	绿色	打印

Step01 执行【格式】|【图层】菜单命令(LA)，或单击【图层】工具栏中的【图层特性管理器】按钮，打开【图层特性管理器】面板，根据表 6-1 所示来设置图层的名称、线宽、线型和颜色等，如图 6-2 所示。

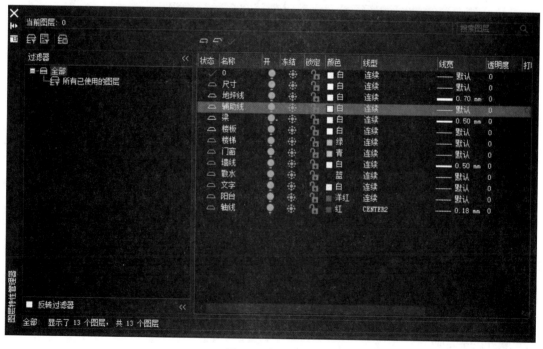

图 6-2 创建图层

技巧提示：

根据建筑制图标准，在剖面图中地坪线为特粗实线，其他被剖切到的线为粗实线，轴线为细实线。

2. 绘制轴线

Step01　把当前层设置成轴线层。打开正交模式▯（F8）。

Step02　在绘图区域先输入直线命令 L，绘制Ⓓ号轴线。

Step03　鼠标左键点取Ⓓ号轴线，用偏移命令 O，输入 5 400，向右偏移出Ⓒ号轴线。

Step04　鼠标左键点取Ⓒ号轴线，用偏移命令 O，输入 2 100，向右偏移出Ⓑ号轴线。

Step05　鼠标左键点取Ⓓ号轴线，用偏移命令 O，输入 5 400，向右偏移出Ⓐ号轴线。

效果如图 6-3 所示。

3. 绘制地坪线

Step01　把当前层设置成地坪线层。

Step02　在图形的底部适宜高度处绘制地坪线与轴线相交并向两侧延伸一定长度，如图 6-4 所示。

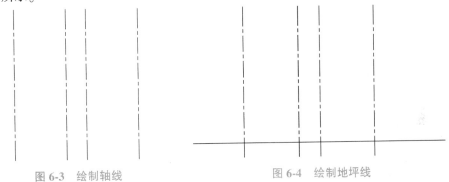

图 6-3　绘制轴线　　　　　图 6-4　绘制地坪线

任务二　绘制一层剖面

任务引入

绘制一层主要包括：绘制辅助线，绘制一层楼板，绘制一层墙体、梁、门窗，绘制一层非剖切的可见线等操作。

任务实施

1. 绘制辅助线

一层在地坪线向上 600 mm、900 mm、1 800 mm 处，分别有一层地面线、一层窗台线及一层的梁底线。

Step01 把当前层设置成辅助线层。

Step02 用偏移命令 O，输入 600，选择地坪线后向上偏移出第一条，为一层室内地面线。

Step03 用偏移命令 O，输入 900、1 800，选择地坪线后向上偏移出第二、三条，分别为一层窗台线及一层梁底线。

Step04 选择 3 条辅助线，改其图层为辅助线层，如图 6-5 所示。

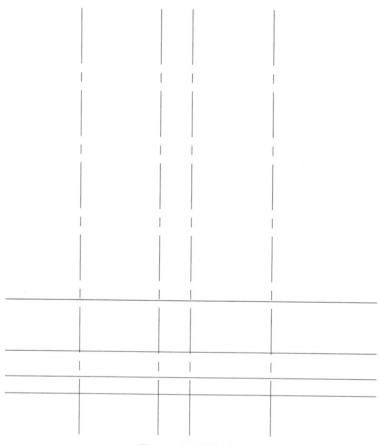

图 6-5 绘制辅助线

2. 绘制一层楼板

一层楼板的顶面标高为 3.300 m，楼板厚度为 110 mm。

Step01 把当前层设置成楼板层。

Step02 用偏移命令 O，输入 3 300，选择一层地面线后向上偏移出第一条，为一层楼板顶线。

Step03 用偏移命令 O，输入 110，选择一层楼板线后向下偏移出一层楼板底线。

Step04 选择一层地面线及两条一层楼板线，改其图层为楼板层，如图 6-6 所示。

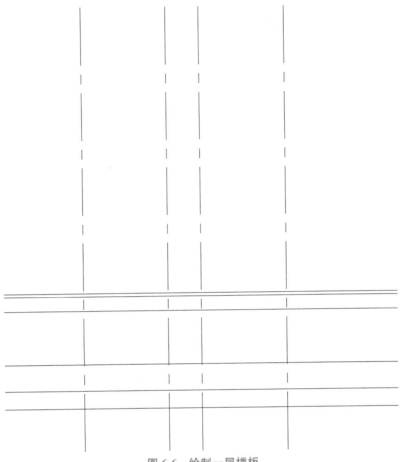

图 6-6　绘制一层楼板

🔧 3. 绘制一层墙体、梁、门窗

Ⓐ、Ⓑ、Ⓒ、Ⓓ轴线上的墙厚均为 240 mm。

Step01　把当前层设置成墙体层。

Step02　定义墙体为多线，命名为 qt。执行【格式】|【多线样式】菜单命令，创建新多线样式，新样式名称命名为 qt，如图 6-7 所示。

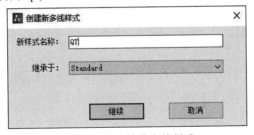

图 6-7　创建墙体多线样式

Step03　单击【继续】按钮，打开【新建多线样式：qt】对话框，在元素中偏移 120，偏移–120。其他选项均为默认值。设置完的【新建多线样式：qt】对话框如图 6-8 所示，单击

【确定】按钮。

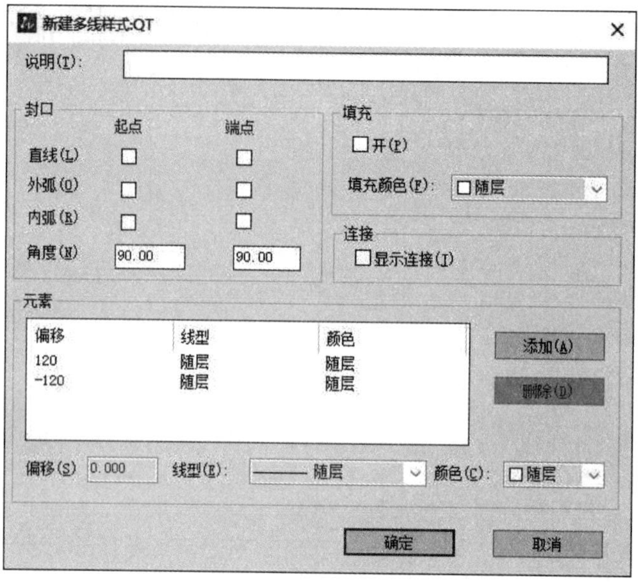

图 6-8 新建墙体多线样式

Step04 定义门窗为多线，命名为 mc。执行【格式】|【多线样式】菜单命令，创建新多线样式，新样式名称命名为 mc，如图 6-9 所示。

Step05 单击【继续】按钮，打开【新建多线样式：mc】对话框，在元素中偏移 120，偏移 40，偏移-40，偏移-120。其他选项均为默认值。设置完的【新建多线样式：mc】对话框如图 6-10 所示，单击【确定】按钮。

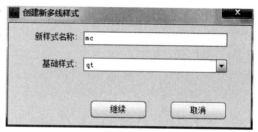

图 6-9 创建门窗多线样式

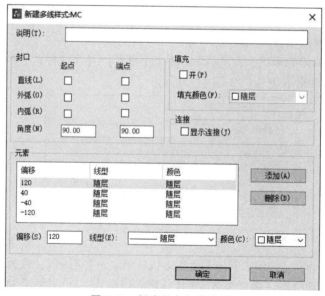

图 6-10 新建门窗多线样式

Step06 用多线命令 ML，输入对正 J，设置对正类型为 Z，输入比例 S，设置多线比例为 1。当前设置为：对正＝无，比例＝1，样式＝qt。根据Ⓐ、Ⓑ、Ⓒ、Ⓓ四根轴线及辅助线使用多线命令绘制一层墙体至一层楼板处，如图 6-11 所示。

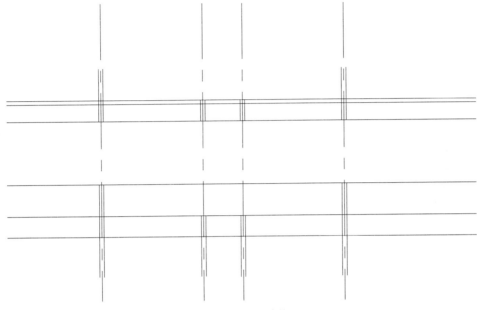

图 6-11 绘制墙体

Step07 把当前层设置成门窗层。

Step08 用多线命令 ML，输入 ST，输入多线样式名 mc。当前设置为：对正＝无，比例＝1，样式＝mc。根据图纸的门窗位置绘制，如图 6-12 所示。

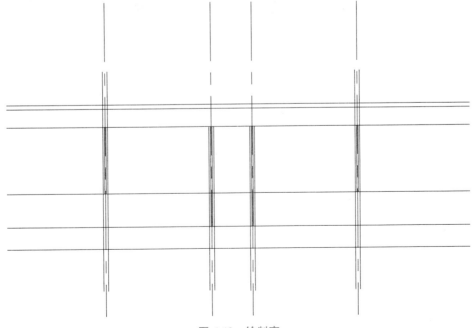

图 6-12 绘制窗

Step09 将窗台辅助线向下偏移 60，墙体用分解命令 X 分解，Ⓓ轴线左侧的墙线偏移 60，使用修剪命令 TR，修剪多余线条，完成窗台绘制。Ⓐ轴线上窗台也按此步骤完成，如图 6-13 所示。

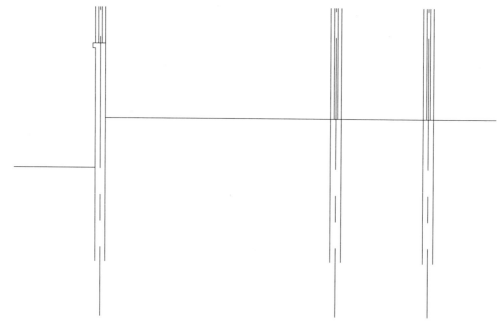

图 6-13 绘制窗台

Step10 把当前层设置成梁。

Step11 将梁底辅助线向上偏移 240，墙体用分解命令 X 分解，Ⓓ轴线左侧的墙线偏移 300，使用修剪命令 TR，修剪多余线条，完成梁绘制。Ⓐ轴线上雨篷也可按此步骤完成，如图 6-14 所示。

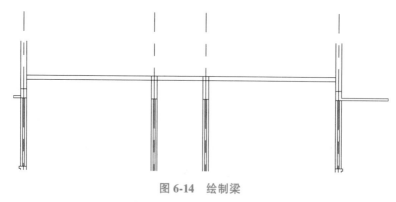

图 6-14 绘制梁

Step12 用图案填充命令 H，弹出【填充】对话框，如图 6-15 所示。点击图案右侧按钮，弹出【填充图案选项板】对话框，单击【其他预定义】标签，选中"SOLID"图案，如图 6-16 所示。单击【确定】按钮。

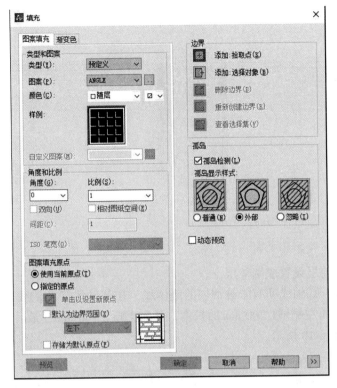

图 6-15 【填充】对话框

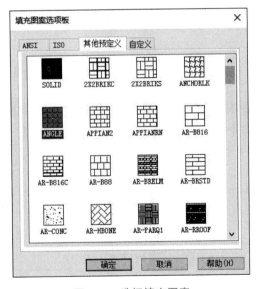

图 6-16 选择填充图案

在【填充】对话框中，单击 拾取点(K) 按钮，在图中选择需填充处。单击鼠标右键，点击
【确定】。回到【填充】对话框中，再次单击【确定】按钮，完成操作，如图 6-17 所示。

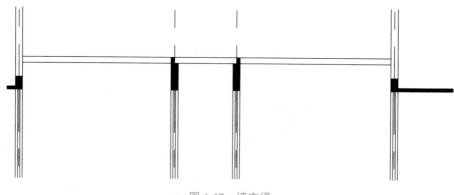

图 6-17　填充梁

4. 绘制一层非剖切的可见线

Step01　把当前层设置成墙体层。

Step02　在Ⓑ、Ⓒ轴线间有未被剖切的墙体线，在Ⓑ轴线门左侧线与一层地面线的交点用直线命令 L，向左侧画 1 200 mm 的长度，再向上画 2 700 mm，最后向右画水平线与Ⓑ轴门线闭合，如图 6-18 所示。

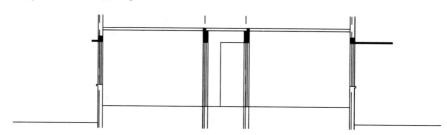

图 6-18　绘制未被剖切到的墙体

Step03　在Ⓐ轴线右侧有未被剖切的墙体轮廓线，与轴线间距离可从底层平面图中查询为 660 mm。使用偏移命令 O，从Ⓐ轴线向右偏移 660。完成后如图 6-19 所示。

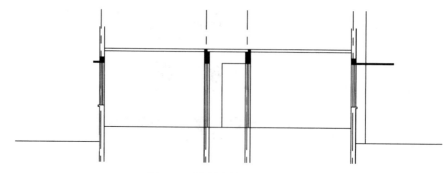

图 6-19　绘制未被剖切到的墙体

Step04　绘制室外台阶，使用直线命令 L，如图 6-20 所示。

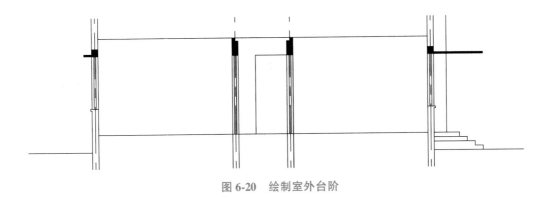

图 6-20　绘制室外台阶

Step05　绘制素土夯实图例，使用填充命令 H，如图 6-21 所示。

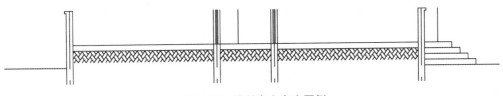

图 6-21　绘制素土夯实图例

任务三　绘制标准层剖面

🛠️任务引入

通过图纸可以看出，二到四层为标准层。标准层的大部分墙体，门窗位置与一层相同，可通过多重复制来完成。

🛠️任务实施

Step01　输入【复制】命令 CO，选择一层与标准层相同的图形。

Step02　确定选择图形后，选定基点为二层①轴墙体边线顶点，竖直向上复制 3 次。效果如图 6-22 所示。

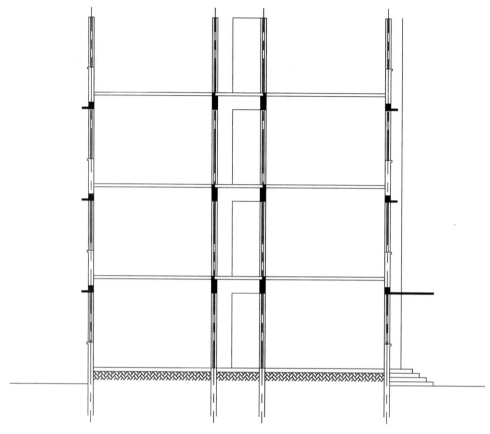

图 6-22　绘制标准层剖面

任务四　绘制屋顶剖面

🔧任务引入

通过屋顶平面图可以看出，屋顶坡度为 5%。可对照 1—1 剖面图及立面图的标高画出。另外，Ⓐ、Ⓓ轴线上的檐沟也可根据墙身详图尺寸绘制。

🔧任务实施

🔧1. 绘制檐沟

Step01　根据 1—1 剖面图，檐沟顶部的标高为 13.200，确定从Ⓐ轴线窗顶向上用直线命令 L 画 600 的高度。其余尺寸可详见墙身详图。

Step02　根据Ⓐ轴线的檐沟来绘制Ⓓ轴线，可使用镜像命令 MI。完成如图 6-23 所示。

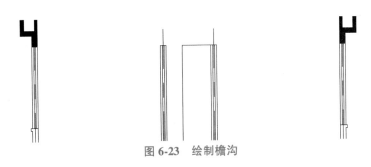

图 6-23 绘制檐沟

🔧 2. 绘制屋顶

Step01 把当前层设置成辅助线层。

Step02 在标高 13.200 处用直线命令 L 绘制一条水平线。通过屋面的坡度计算，用偏移命令 O，向上偏移 323，如图 6-24 所示。

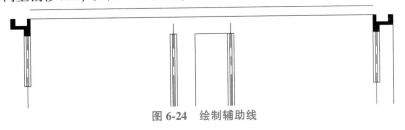

图 6-24 绘制辅助线

Step03 把当前层设置成楼板层。捕捉第一条辅助线的中点，使用直线命令 L，连接形成如图 6-25 所示的图形。

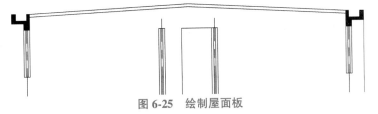

图 6-25 绘制屋面板

Step04 将Ⓑ、Ⓒ轴线上墙体与屋面线连接，形成 4 层梁，并用填充命令 H 来绘制，如图 6-26 所示。

Step05 绘制栏杆。将屋面线向上复制 340 mm 的高度。使用直线命令 L 绘制栏杆，并复制到整个屋面线上，如图 6-27 所示。

Step06 根据立面图及 1—1 剖面图的高度，完成整个屋面线的绘制，如图 6-28 所示。

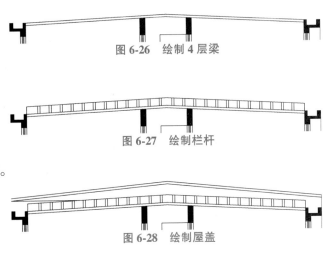

图 6-26 绘制 4 层梁

图 6-27 绘制栏杆

图 6-28 绘制屋盖

任务五 完整剖面图绘制

✖ 任务引入

前 4 个任务已经将图像基本完成，本任务主要是标注尺寸、标高、图名、比例。

✖ 任务实施

⚒ 1. 标注尺寸

Step01 把当前层设置成尺寸层。

Step02 使用线性标注命令标注室外台阶的总高度为 600 mm，其余使用连续标注命令，从下向上按图纸要求标注完成。Ⓑ、Ⓒ轴线间墙洞高度可同此步骤，如图 6-29 所示。

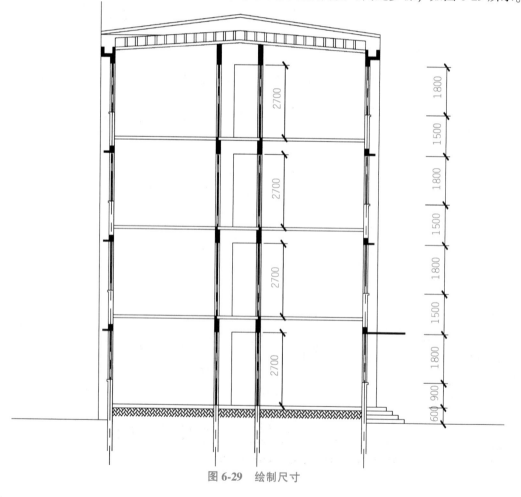

图 6-29 绘制尺寸

2. 标注标高

Step01　可将平面图、立面图中已绘制好的标高直接复制到剖面图中。

Step02　选择一层地坪合适的位置，确定±0.000的标高，其余标高用重复复制的命令完成，如图 6-30 所示。

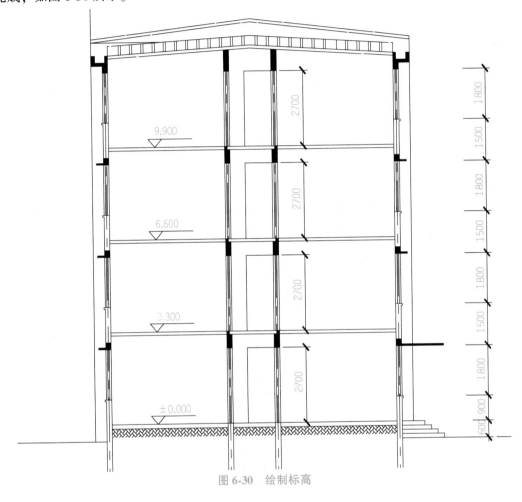

图 6-30　绘制标高

3. 绘制轴号、图名、比例

Step01　把当前层设置成文字层。

Step02　绘制直径为 800 mm 的圆作为轴号，填入相应的字母，选择圆的上部象限点，插入轴线底部。

Step03　使用多行文字命令 T，输入图名"2—2 剖面图"，字号改为 500。

Step04　使用多行文字命令 T，输入比例"1∶100"，字号改为 350，如图 6-31 所示。

2—2剖面图 1∶100

图 6-31　绘制图名、比例

任务六　查询图形信息

相关知识

1. 查询点的坐标

在中望 CAD 中，我们可以利用查询功能查询图形对象上某一点的绝对坐标，坐标值以"X、Y、Z"的形式显示，但如果在二维图形中，"Z"的坐标值为零。

查询点坐标的命令方法如下：

- 命令：ID。
- 菜单：执行【工具】|【查询】|【点坐标】菜单命令。
- 工具栏：单击【查询】工具栏的【定位点】按钮。

查询图 6-32 中 A 点的坐标。在命令行输入 ID 命令，鼠标单击 A 点。在命令行中会有以下显示：

指定点：　　$X = 200515.9484$　　　$Y = -75670.2980$　　　$Z = 0.0000$

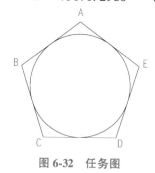

图 6-32　任务图

2. 查询对象的距离

可以利用 DIST 命令测量两点之间的距离。

查询两点之间距离的命令方法如下：

- 命令：DIST（DI）。
- 菜单：执行【工具】|【查询】|【距离】菜单命令。
- 工具栏：单击【查询】工具栏的【距离】按钮。

查询图 6-32 中 AB 两点之间的距离。在命令行输入 DI 命令，鼠标单击 A 点，再单击 B 点。在命令行中会有以下显示：

距离 $= 1175.5705$，XY 平面中的倾角 $= 36$，与 XY 平面的夹角 $= 0$

X 增量 $= 951.0565$，Y 增量 $= 690.9830$，Z 增量 $= 0.0000$

3. 查询对象的面积信息

可以使用 AREA 命令查询由多个图形组成的复合面积，一系列点定义的一个封闭图形、圆、多段线围成的封闭图形等指定区域的面积和周长。

查询点坐标的命令方法如下：

- 命令：AREA（AA）。
- 菜单：执行【工具】|【查询】|【面积】菜单命令。
- 工具栏：单击【查询】工具栏的【面积】按钮。

查询图 6-32 中圆的面积。在命令行输入 AA 命令，再输入对象 O，鼠标单击圆。在命令行中会有以下显示：

$$面积 = 2056199.0865，圆的周长 = 5083.2037$$

4. 获取图形信息

可以利用 LIST 命令列出选取图形对象的相关信息，但显示的信息随图形对象的不同而不同。这些信息（包括对象类型、图层、颜色、对象的一些几何特性）将在"ZWCAD 文本窗口"中显示。

- 命令：LIST（LI）。
- 菜单：执行【工具】|【查询】|【列表显示】菜单命令。
- 工具栏：单击【查询】工具栏的【列表】按钮。

查询图 6-32 中图形的信息。在命令行输入 LI 命令，再选择对象。在命令行中会有以下显示：

圆　　图层:"0"

空间：模型空间

句柄 = 12F7

正中点，X = 200515.9484　　Y = −76670.2980　　Z = 0.0000

半径　809.0170　周长　5083.203　面积　2056199.0865

LWPOLYLINE 图层:"0"

空间：模型空间

句柄 = 12F6

闭合　固定宽度　0.0000 面积　2377641.2907 周长　5877.8525

于端点　X = 200515.9484　　Y = −75670.2980　　Z = 0.0000

于端点　X = 199564.8919　　Y = −76361.2810　　Z = 0.0000

于端点　X = 199928.1632　　Y = −77479.3150　　Z = 0.0000

于端点　X = 201103.7337　　Y = −77479.3150　　Z = 0.0000

于端点　X = 201467.0049　　Y = −76361.2810　　Z = 0.0000

任务考核

绘制图 6-33 所示的建筑剖面图。

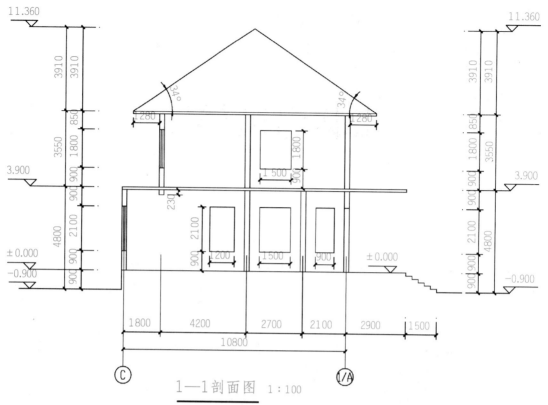

1—1剖面图　1∶100

注：1.楼梯台阶150 mm（踏步高）×300 mm（踏步宽）。

2.楼板厚度120 mm。

图6-33　任务考核图

复习思考

填空题

（1）在中望CAD中，利用＿＿＿＿＿命令查询点的坐标。

（2）在中望CAD中，用户通过DIST命令除了可以查询两点之间的距离以外，还能查询＿＿＿＿＿、＿＿＿＿＿和＿＿＿＿＿信息。

绘制建筑详图

建筑平面图、立面图和剖面图虽然把房屋主体表现出来了，也把房屋基本的尺寸和位置关系表现出来了，但是由于比例较小，没有办法把所有的内容都详细的表达清楚，对于建筑物的一些关键部位，就需要通过绘制详图来表达建筑更详尽的构造，譬如楼梯平面图、楼梯剖面图、外墙身详图、洗手间详图等。建筑详图一般有两种，分别是节点大样图和楼梯详图。

节点大样图，又称为节点详图，通常是用来反映房屋的细部构造、配件形式、大小、材料做法，一般采用较大的绘制比例，如1∶20、1∶10、1∶5、1∶2、1∶1等。

楼梯详图的绘制是建筑详图绘制的重点。楼梯由楼梯段(包括踏步和斜梁)、平台和栏杆扶手等组成。楼梯详图主要表达楼梯的类型、结构形式、各部位的尺寸及装修尺寸，是楼梯放样施工的主要依据。楼梯详图一般包括平面图、剖面图及踏步、栏杆详图等，通常都绘制在同一张图纸中单独出图。

学习目标

- 掌握节点大样图的绘制方法。
- 掌握楼梯详图的绘制方法。

学习情境

某学校拟新建两幢学生宿舍楼，其建筑详图如图7-1、图7-2所示，请运用中望CAD绘制该学校宿舍区的建筑详图。

绘制思路：

从墙身详图可以看出，该图采用1∶20的比例绘制。

从楼梯详图可以看出，该图采用1∶50的比例绘制。

整个绘制过程包括：从之前已完成图纸部分提取有用信息并修改，图形填充，标注尺寸、标高等几部分。

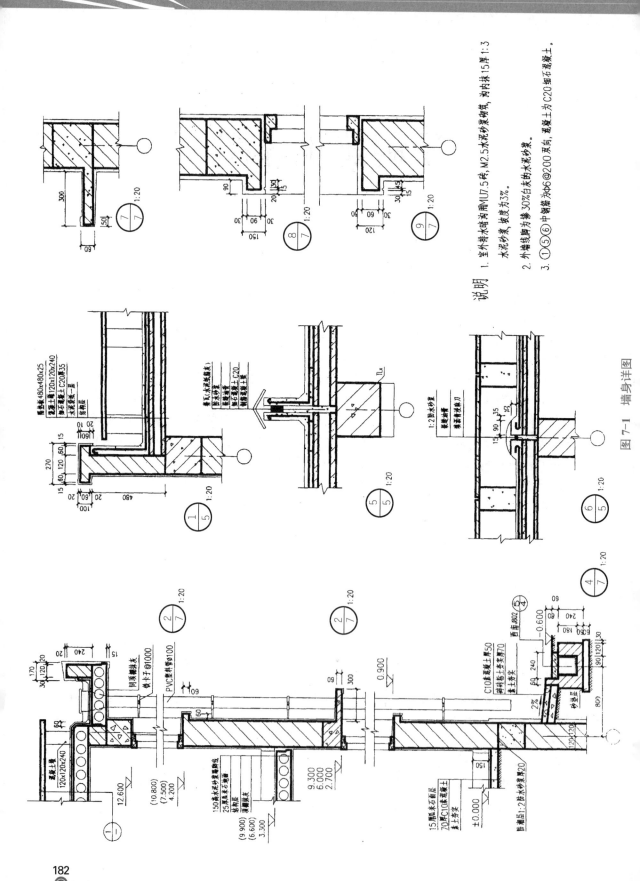

图 7-1 墙身详图

说明

1. 室外排水暗沟用U7.5水砖，M2.5水泥砂浆砌筑，沟内抹15厚1:3水泥砂浆，坡度为3%。

2. 外墙勒脚为掺30%白灰的水泥砂浆。

3. ①⑤⑥中钢筋为Φ6@200双向，混凝土为C20细石混凝土。

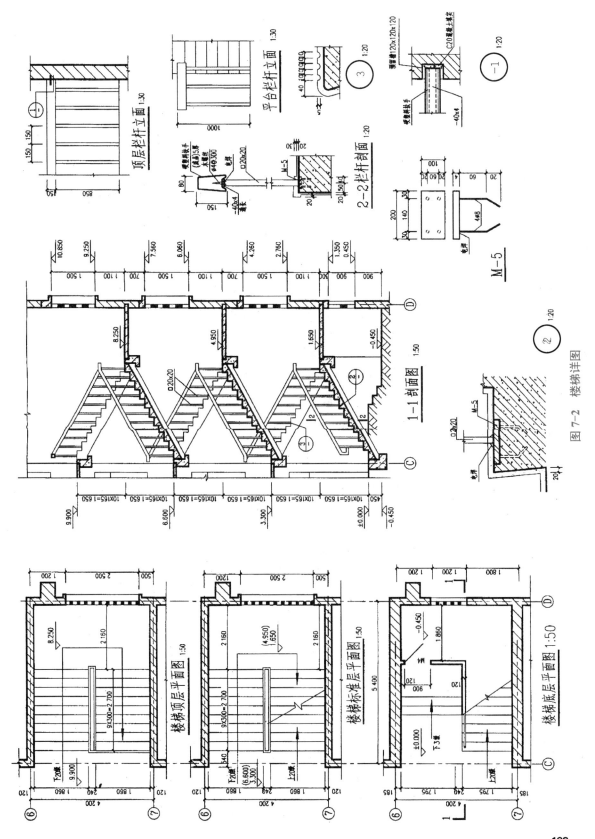

图 7-2　楼梯详图

任务一　墙身节点详图

✖任务引入

外墙身详图是用一个假想的垂直于墙体轴线的铅垂剖面，将墙体某个防潮层剖开，得到建筑剖面图的局部放大图。因此，可利用项目六已完成的建筑剖面图，完成本项目。

✖任务实施

（1）新建文档。

（2）提取外墙轮廓线。

Step01　执行【修改】|【复制】菜单命令(Y)，选择项目六中2—2剖面图外墙墙身。

Step02　在新建文档中，单击鼠标右键，选择粘贴，如图7-3所示。

（3）修改外墙轮廓线。由于提取的墙身轮廓并不符合外墙身详图的要求，因此要做部分改动，使用折断线折断不必要的部分，如图7-4所示。

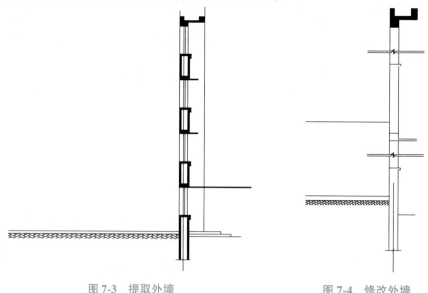

图 7-3　提取外墙　　　　　　　　　　　　　　图 7-4　修改外墙

（4）修改地面楼层面及天沟。地面及楼层面构造非常复杂，包括防水层、散水、勒脚等。在剖面图中，对地面及楼层面部分的绘制采用了简化处理，但是在外墙身详图中，需要详细的表达出来。可对照建筑构造所要求的具体尺寸进行绘制。

Step01　使用直线命令L，修改地面及楼层面，如图7-5所示。

Step02　使用直线命令L，修改天沟，绘制滴水，如图7-6所示。

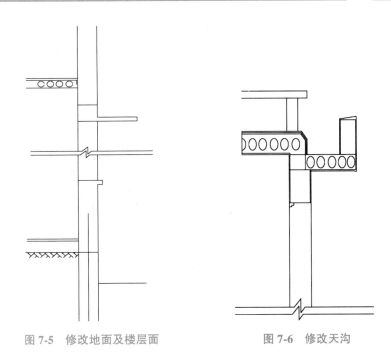

图 7-5 修改地面及楼层面   图 7-6 修改天沟

Step03   使用直线命令 L，绘制散水，如图 7-7 所示。

Step04   使用直线命令 L，绘制户外落水管，如图 7-8 所示。

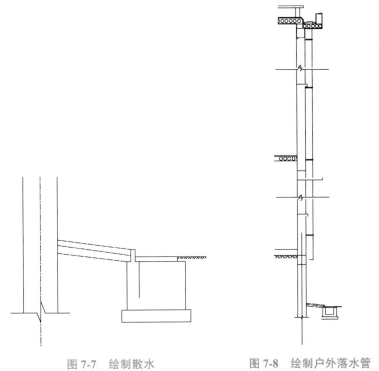

图 7-7 绘制散水   图 7-8 绘制户外落水管

（5）图形填充。分别填充墙体、天沟及散水。

Step01 用图案填充命令 H，弹出【填充】对话框，单击图案右侧按钮，弹出【填充图案选项板】对话框，选择【预定义】，选中"SACNCR"图案，比例设置为 20，如图 7-9 所示。单击【确定】按钮，效果如图 7-10 所示。

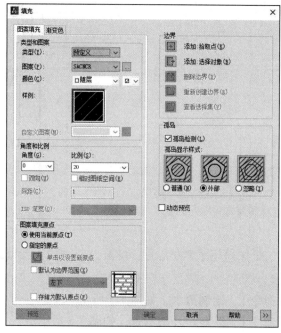

图 7-9 【填充】设置(一)

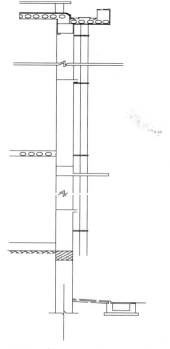

图 7-10 填充墙体、天沟、散水

Step02　填充外墙等部位，选择【预定义】，选中"ANSI31"图案，比例设置为 20，如图 7-11 所示。单击【确定】按钮，效果如图 7-12 所示。

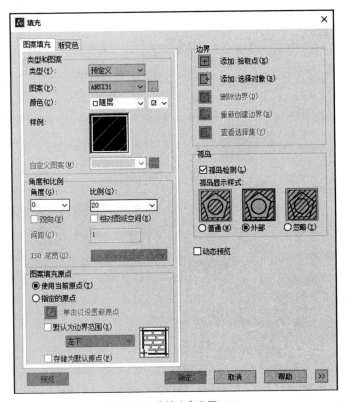

图 7-11　【填充】设置(二)

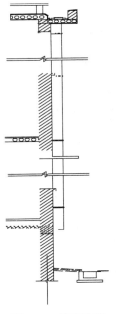

图 7-12　填充外墙

Step03 填充散水，选择【预定义】，选中"ANSI31"图案，比例设置为20，角度设置为90°，如图7-13所示。单击【确定】按钮，效果如图7-14所示。

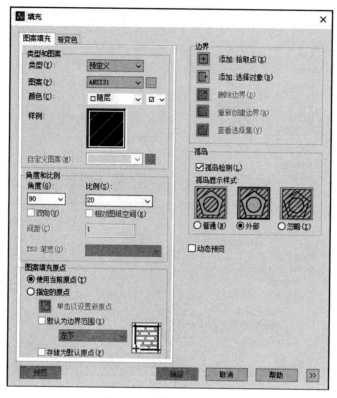

图 7-13 【填充】设置(三)

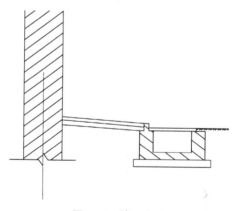

图 7-14 填充散水

Step04 用同样方法，填充其余墙体部分，并用直线命令L，做适当修改，如图7-15所示。

(6)尺寸标注。对本图添加各种所需要的尺寸标注，如图7-16所示。

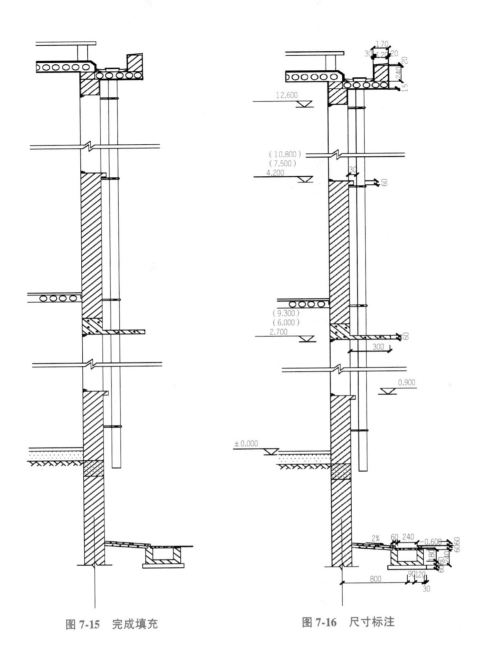

图 7-15　完成填充　　　　　图 7-16　尺寸标注

（7）添加文字说明。

Step01　把当前层设置成文字层。

Step02　使用多行文字命令 T，输入相关文字信息。效果如图 7-17 所示。

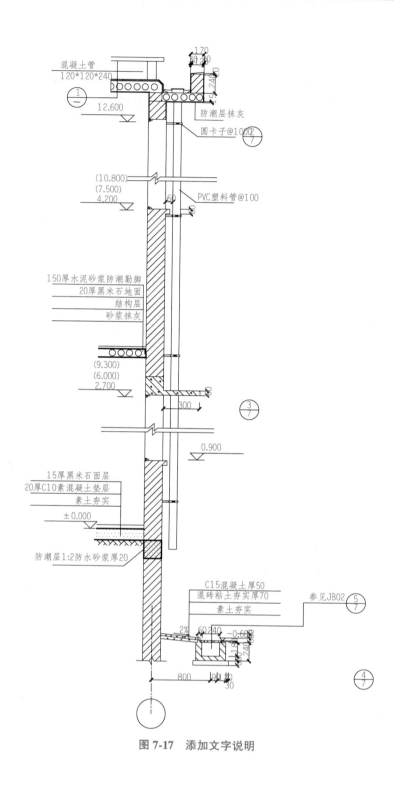

图 7-17 添加文字说明

（8）绘制折断符号，完成外墙详图绘制。

任务二　楼梯详图

任务引入

由于建筑中楼梯的设计比较复杂，住宅楼楼梯间大样详图的绘制通常包括绘制楼梯剖面、绘制楼梯典型平面、栏杆扶手节点大样、尺寸标注、文字说明标注等。其中楼梯剖面在上一项目绘制住宅楼剖面图时已绘出，可将其中楼梯图形单独复制出来，放大比例后进一步细化；楼梯的典型平面也可从项目四住宅标准层平面图中，复制出来后进行细化处理。一般每一层都要画一个楼梯平面图，三层以上的建筑物，若中间各层的楼梯位置及楼梯段、踏步数和大小都相同时，通常只画出首层、中间层和顶层三个平面图即可。本任务中将选取标准层楼梯平面作为引述。

任务实施

（1）新建文档。

（2）从项目四平面图中提取楼梯平面图，并做修改。

Step01　利用修改命令 M 中复制、粘贴功能从建筑平面图中提取楼梯平面图部分，在此基础上进行修改，如图 7-18 所示。

Step02　添加尺寸标注，如图 7-19 所示。

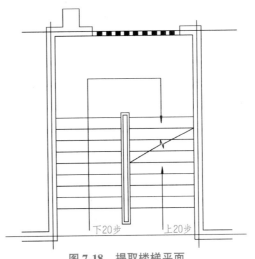

图 7-18　提取楼梯平面

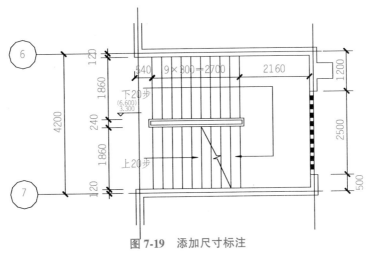

图 7-19　添加尺寸标注

Step03 填充墙体。

选择【预定义】，选中"ANSI31"图案，比例设置为40，效果如图7-20所示。

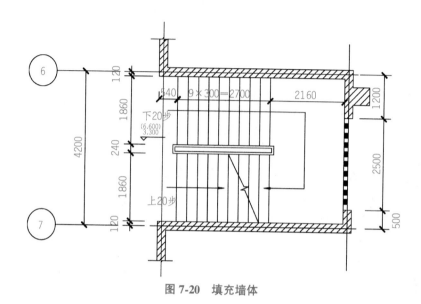

图 7-20 填充墙体

Step04 绘制图名、比例。

使用多行文字命令 T，输入图名"楼梯标准层平面图"。

使用多行文字命令 T，输入比例"1∶50"，如图 7-21 所示。

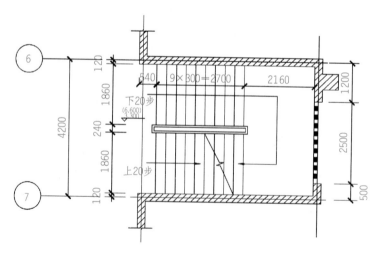

楼梯标准层平面图 1∶50

图 7-21 绘制图名比例

Step05 用相同方法完成楼梯顶层平面图及底层平面图。在此不多做叙述。

(3)从项目六建筑剖面图中提取楼梯剖面图，并做修改。

　　Step01　利用修改命令 M 中复制、粘贴功能从建筑剖面图中提取楼梯剖面图部分，如图 7-22 所示。

　　Step02　图形填充，如图 7-23 所示。

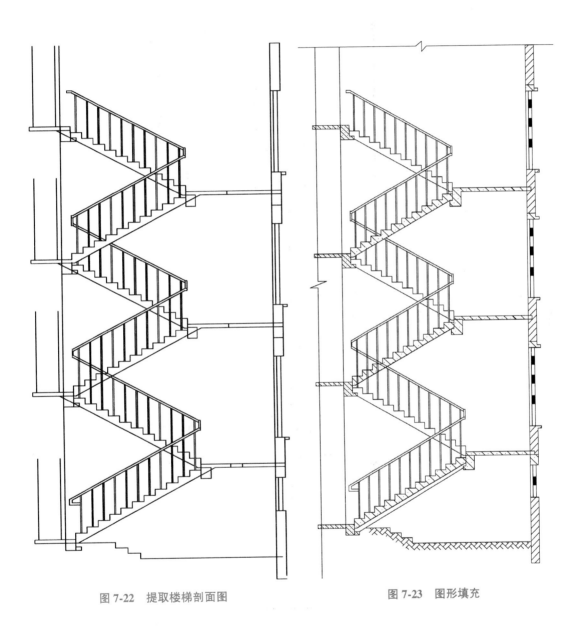

图 7-22　提取楼梯剖面图　　　　　　　　图 7-23　图形填充

Step03 添加尺寸标注，如图 7-24 所示。

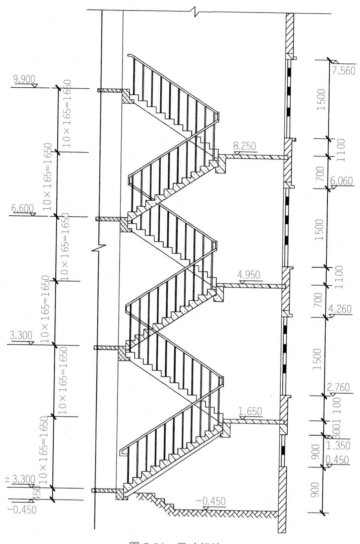

图 7-24 尺寸标注

Step04　绘制轴号、图名、比例，如图 7-25 所示。

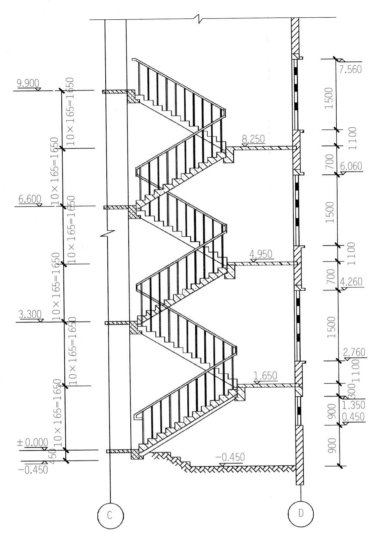

1—1剖面图　1：50

图 7-25　绘制轴号比例图名

（4）绘制顶层栏杆立面图。

Step01 用直线命令 L 绘制栏杆立面图，如图 7-26 所示。

Step02 填充墙体，如图 7-27 所示。

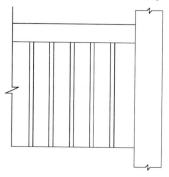

图 7-26 绘制栏杆立面图

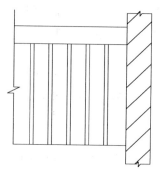

图 7-27 填充墙体

Step03 尺寸标注，如图 7-28 所示。

Step04 图名注写，如图 7-29 所示。

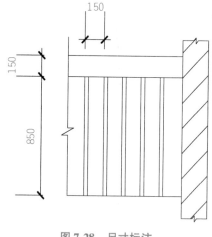

图 7-28 尺寸标注

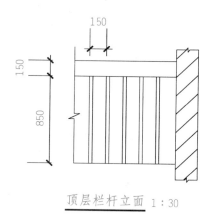

顶层栏杆立面 1:30

图 7-29 图名注写

（5）用同样方法完成其余节点详图。

任务考核

请按照以上绘图步骤，运用中望 CAD 绘制以上建筑详图。

复习思考

1. 单选题

（1）要始终保持物体的颜色与图层的颜色一致，物体的颜色应设置为（　　）。

A. BYLAYER　　　B. BYBLOCK　　　　　C. COLOR　　　　　　　D. RED

(2)当用 DASHED 线型画线时，发现所画的线看上去像实线，这时应该用(　　)来设置线型的比例因子。

A. LINETYPE　　　B. LTYPE　　　　　C. FACTOR　　　　　　D. LTSCALE

(3)用 STRETCH 命令中的窗口方式完全将物体选中，则该操作与采用(　　)命令相同。

A. PAN　　　　　　B. MOVE　　　　　C. SCALE　　　　　　D. COPY

(4)在 Select objects 操作中，若想选择最近生成的对象，应键入(　　)。

A. W　　　　　　　B. P　　　　　　　C. L　　　　　　　　D. ALL

(5)在执行了 WBLOCK 命令后，物体消失，用(　　)命令可恢复被删的物体，又不至于让刚才使用的 WBLOCK 命令失效。

A. UNDO(撤消)　　　　　　　　　　B. REDO(重做)

C. ERASE(删除)　　　　　　　　　　D. OOPS(删除取消)

(6)当使用 LINE 命令封闭多边形时，最快的方法是(　　)。

A. 输入 C 回车　　　　　　　　　　B. 输入 B 回车

C. 输入 PLOT 回车　　　　　　　　D. 输入 DRAW 回车

(7)在其他命令执行时可输入执行的命令称为(　　)。

A. 编辑命令　　　B. 执行命令　　　　C. 透明命令　　　　　D. 绘图命令

(8)对实体进行编辑时，如果要从选择集中剔除所有已选对象，以下不可采用的方法为(　　)。

A. 按 ESC 键撤消本次操作

B. 先键入 R 再键入 A

C. 先键入 R 再键入 ALL

D. 按住 Shift 键同时用鼠标再度选中它们

2. 填空题

(1)在【启动】对话框中给出的新建图形的方法有_____、_____和_____。

(2)在 AutoCAD 中可以限制绘制图形的区域，该区域被称为_____。使用_____命令可以修改该区域的大小和状态。

(3)若要绘制的图形与已有图形差别不大，则可以先打开已有图形并进行相应的修改，再选取_____菜单项，将修改后的图形另存为新的图形文件。

(4)若当前显示的图形元素过多时，会耗费大量的系统资源。为了提高运行速度可以在【选项】对话框_____选项卡中的【显示精度】栏内降低控制图形对象显示的数值。

(5)为了防止由于故障而丢失未保存的数据，可以在【选项】对话框_____选项卡中【文件安全措施】栏中减小保存间隔分钟数。

输出打印和发布建筑图纸

项目导读

中望 CAD 提供了图形的输入与输出接口，不仅可以将其他应用程序中处理好的数据传送给 CAD，以显示图形，还可以将在 CAD 中绘制好的图形打印出来，或者把它们的信息传送给其他应用程序。

学习目标

- 掌握 CAD 软件图形输入与输出的方法。
- 掌握打印参数的设置。
- 熟练掌握图纸空间布图和出图的方法。

任务一　图形的输入与输出

任务引入

中望 CAD 除可以打开、保存 dwg 格式的图形文件外，还可以导入或者导出其他格式的图形。

相关知识

1. 导入文件

在中望 CAD 的【插入】工具栏中（图 8-1），单击【输入】按钮（图 8-2）就打开【输入文件】对话框（图 8-3），在其中的【文件类型】下拉列表框中可以看到，系统允许输入".wmf"

及".sat、dgn、pdf"图形格式的文件。

图 8-1　【插入】工具栏

图 8-2　【输入】按钮

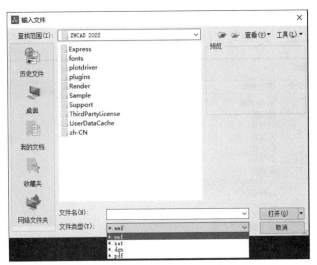

图 8-3　【输入文件】对话框

中望 CAD 的菜单命令中没有【输入】命令，但是可以执行【插入】|
【ACIS 文件】命令，【插入】|【Windows 图元文件】命令（图 8-4），分
别输入上述两种格式的图形文件。

　　如要插入 jpg 图形，则应执行【插入】|【光栅图像】菜单命令，
如图 8-4 所示。

　　2. 插入 OLE 对象

　　执行【插入】|【OLE 对象】菜单命令，打开【插入对象】对话框，
可以插入对象链接或嵌入对象，如图 8-5 所示。

图 8-4　菜单命令"插入"

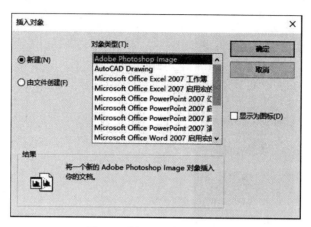

图 8-5 【插入对象】对话框

3. 输出图形

执行【文件】|【输出】菜单命令，打开【输出数据】对话框，可以在【保存在】下拉列表框中设置文件输出的路径，在【名称】文本框中输入文件名称，在【文件类型】下拉列表框中选择文件的输出类型，如"图元文件""ACIS""位图"及"块"等，如图 8-6 所示。

图 8-6 【输出数据】对话框

任务二 图纸布局

任务引入

在中望 CAD 中，可以创建多个布局，每个布局都代表一张单独的打印输出图纸，创建新布局后就可以在布局中创建浮动视口，视口中的各个视图可以使用不同的打印比例，并能控制视口中图层的可见性。

相关知识

1. 使用布局向导创建布局

执行【插入】|【布局】|【新建布局】菜单命令（图 8-7），打开【新建布局】向导（图 8-8），可以指定布局名、打印设备、图纸尺寸和图形的打印方向，选择 CAD 中自带的标题栏，并确定视口的位置。

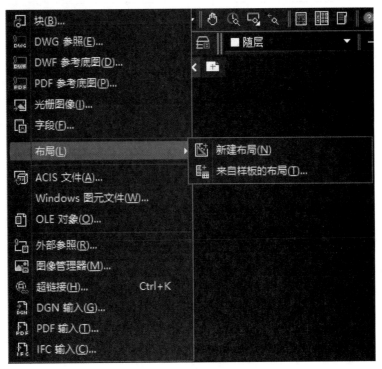

图 8-7 【新建布局】命令

2. 管理布局

右击布局的标签，使用弹出的快捷菜单中的命令，可以删除、新建、重命名、移动或复制布局，如图 8-8 所示。

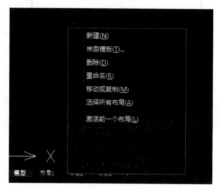

图 8-8 布局管理"快捷操作菜单"

3. 布局的页面设置

执行布局窗口下【文件】|【页面设置管理器】命令，打开【页面设置管理器】对话框(图8-9)，可对布局进行一些设置。单击【修改】按钮，可以打开【页面设置】对话框(图8-10)，在此对话框下，可以对打印机、纸张大小、打印区域、打印样式等进行常规修改。

图 8-9 【页面设置管理器】对话框

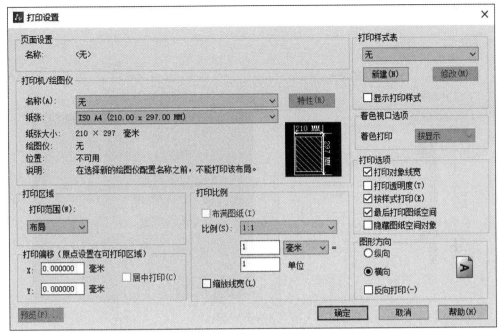

图 8-10 【页面设置】对话框

任务三 使用浮动视口

任务引入

在构造布局的同时，可以将视口视为图纸空间的图形对象，并对其进行移动和调整，浮动视口可以相互重叠或分离，在图纸空间中无法编辑模型空间中的对象，如果要编辑模型，必须激活浮动视口，进入浮动模型空间。激活浮动视口的方法有多种，可用 MSPACE 命令，或单击状态栏上的【图纸】按钮，或双击浮动视口区域中的任意位置，使"图纸"变为"模型"。

相关知识

1. 删除、新建和调整浮动视口

在布局图中，选择浮动视口边界，然后按 Delete 键，可删除浮动的视口，删除后，执行【视图】|【视口】|【新建视口】命令，可以创建新的浮动视口(图 8-11)，此时需要指定创建浮动视口的数量和区域。

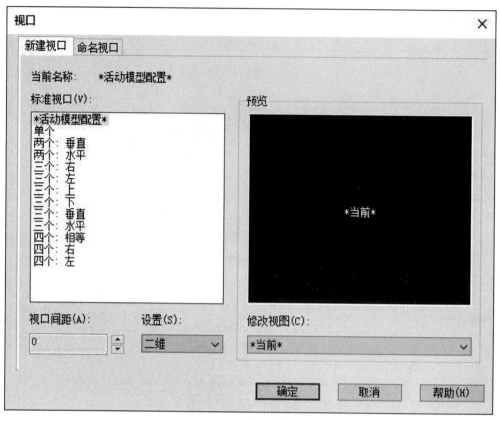

图 8-11 新建【视口】对话框

2. 设置多视口

一个布局中可以使用多个浮动视口，而存放不同的对象。

3. 在浮动视口中旋转视图

在浮动视口中，执行 MVSETUP 命令，可以旋转这个视图，该功能与 ROTATE 命令不同，ROTATE 命令只能旋转单个对象。

4. 创建特殊形状的浮动视口

在删除浮动视口后，可以执行【视图】|【视口】|【多边形视口】菜单命令，创建多边形形状的浮动视口。

也可以将图纸空间中绘制的封闭多段线、圆、面域、样条线或椭圆等对象设置为视口的边界，这时可执行【视图】|【视图对象】命令来创建。

任务四　打印输出

任务引入

创建完图形之后，通常要打印到图纸上，也可生成一份电子图纸，以便从互联网进行访问。打印的图形可以包含图形的单一视图，或者更为复杂的视图排列，根据不同的需要，可以打印一个或多个视口，或设置选项以决定打印的内容和图像在图纸上的位置。

相关知识

1. 打印预览

在打印输出图形之前可以预览输出结果，以检查是否正确，例如图形是否都在有效输出区域之内等，执行【文件】|【打印预览】菜单命令（PREVIEW）（图 8-12），或在【标准工具栏】中单击【打印预览】按钮，就可以预览打印的效果。

图 8-12　【打印预览】菜单命令

CAD 将按照当前的页面设置、绘图设备设置、绘图样式表等在屏幕上绘制最终要输出的图纸。

🐟 2. 输出图形

在中望 CAD 中，可以使用【打印】对话框打印图纸，当在绘图窗口中选择一个布局选项卡后，执行【文件】|【打印】菜单命令，打开【打印】对话框(图 8-13)。

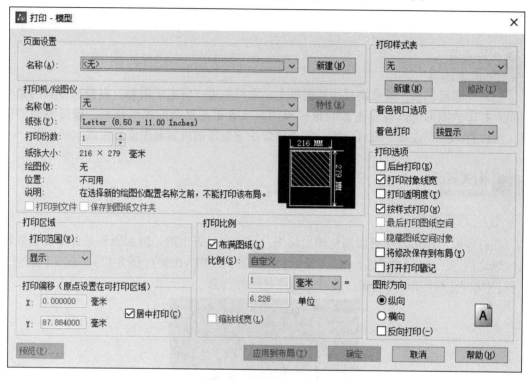

图 8-13 【打印】对话框

任务五 发布文件

🔧 任务引入

现在，国际上通常采用 DWF(Drawing Web Format，图形网格格式)图形文件格式，它可以在任何装有网络浏览器和 Autodesk Whip 插件的电脑中打开、查看和输入。

DWF 文件支持图形文件的实时移动和缩放，并支持控制图层、命名视图和嵌入链接显示效果，DWF 是矢量压缩格式的文件，可提高图形文件打开和传输的速度，缩短下载时间。以矢量格式保存的 DWF 文件完整的保留了打印输入属性和超链接信息，并且在进行局部放大时，基本能够保持图形的准确性。

相关知识

1. 输出 DWF 文件

用 Plot 命令，选择打印机为 DWF6 ePlot.pc5，可快捷地生成 DWF 文件(图 8-14)。

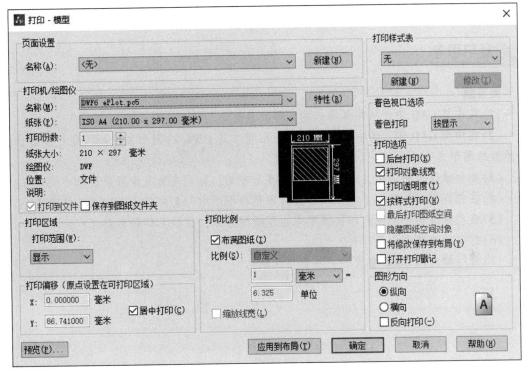

图 8-14　打印生成 DWF 文件

2. 在外部浏览器中浏览 DWF 文件

DWF 无法直接打开，用户可在安装了浏览器和 Autodesk Whip 4.0 插件的任何电脑上打开，但 IE 和 Whip 的兼容性不是很好，有时无法正常显示，还是建议使用 DWF 专用浏览器查看 DWF 文件。

DWF 文件容量小，白底黑线，保存、传输和浏览都很方便。

任务考核

1. 上机练习题

使用布局向导创建向导创建单个布局，并对布局页面设置进行修改：纸张大小设置为 A4，比例设置为 1∶50，图形方向设置为纵向，然后保存到指定文件夹。

2. 上机练习题

(1)新建一个文件，删除"布局 1"中的浮动视口边界，新建 4 个视口，并保存。

（2）在新建文件"布局2"中，新建一个正六边形视口，并保存。

3. 上机练习题

打开教师指定图纸，打印所有作图区域，打印要求：A4纸纵向、布满图纸、居中打印，打印样式：黑白打印。

4. 上机练习题

打开教师指定图纸，把图纸内所有内容输出为DWF打印所有作图区域，要求：A4纸横向、布满图纸、居中打印，打印样式：黑白打印。

复习思考

简答题

（1）在中望CAD中，从外部导入的图形文件包含几种，分别是哪几类？

（2）在中望CAD中，输出图形除保存为后缀名是DWG的图形文件外，还可以输出哪些类型的图形文件？

（3）如何修改布局名称，是否可以创建多个布局，每个布局是否可以显示不同内容？

（4）在打印图纸过程中，如果只需要打印整套图纸中的某一部分，应该怎样操作？

（5）在打印过程中发现打印区域集中在图纸的角落，应该怎样调整到位？

（6）打印的快捷命令是什么？

（7）打印输出为DWF格式的文件有何优缺点？

三维建筑模型的绘制

中望CAD具有强大的三维图形绘制功能，不仅可以绘制一般面网格模型、简单实体模型，还可以创建复杂的实体并对其进行加工、渲染。掌握三维绘图方法是绘制建筑效果图的基础，本章节将就三维绘图的基本概念、基本方法、基本命令进行讲解。

本项目以绘制某别墅的三维实体模型为例，详细讲解了三维建筑模型的绘制步骤与方法，包括：(1)设置绘图环境；(2)绘制墙体；(3)绘制门窗；(4)绘制屋顶、阳台等；(5)组装全楼；最后在任务考核中让读者自行练习，检验学习情况，达到熟练绘制三维建筑模型的目的。

学习目标

- 熟练设置三维图的绘图环境。
- 熟练运用多段线、拉伸命令绘制墙体、窗线。
- 熟练运用三维编辑命令来生成门窗洞口、绘制门窗等。
- 熟练运用切割命令绘制坡屋顶。

学习情境

某别墅楼，根据图纸素材绘制其建筑三维模型如图9-1所示，请运用中望CAD绘制该别墅三维模型。

(1)根据图9-2~图9-8所示建筑的平面图和立面图(共7张图纸)等，构建其三维模型，不含内墙和楼梯。其中门和窗的样式参照立面图，具体尺寸自定义，但要符合门和窗的一般规格。

(2)开设图层，并根据建筑物的组成，将不同对象放入相应的图层，如屋面、墙体、门窗等。

(3)不得在0层上建模。

(4)不得将整个房屋合并为一个整体。

绘制思路：

用中望CAD绘制三维模型的总体思路是先局部后整体，主要绘制过程包括：

（1）设置绘图环境。

（2）用 PLINE（多线）命令绘制外墙线，用 EXTRUDE 拉伸命令拉伸墙体，形成三维外墙的大致形状。

（3）利用三维编辑中的 SUBTRACT 差集命令，开门窗洞口，创建门窗三维图形并插入。

（4）利用 SLICE 剖切命令绘制坡屋顶，绘制屋檐、阳台以及台阶等。

（5）绘制楼板，组装全楼。

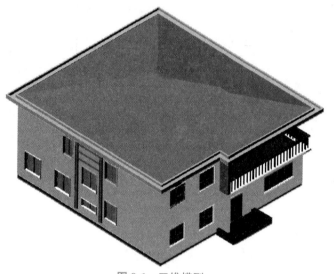

图 9-1   三维模型

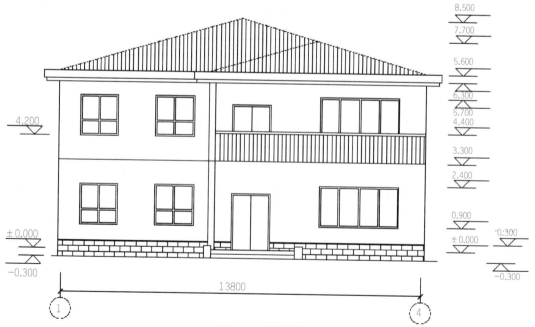

图 9-2   南立面图

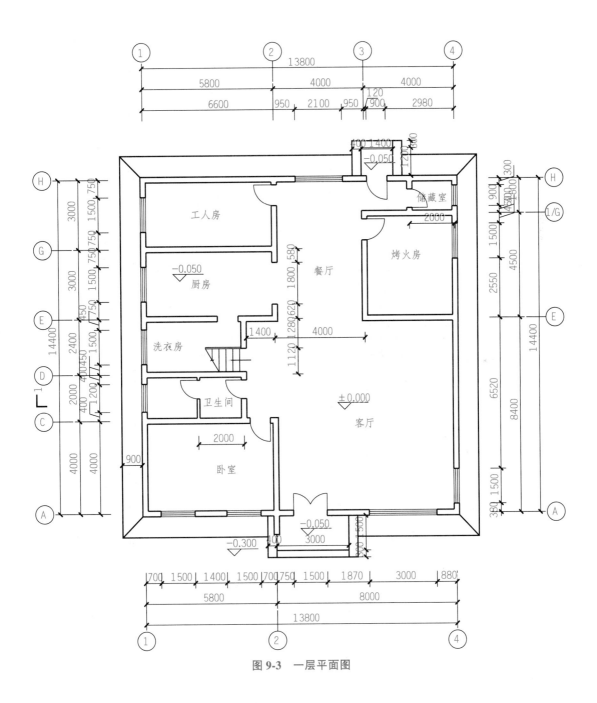

图 9-3　一层平面图

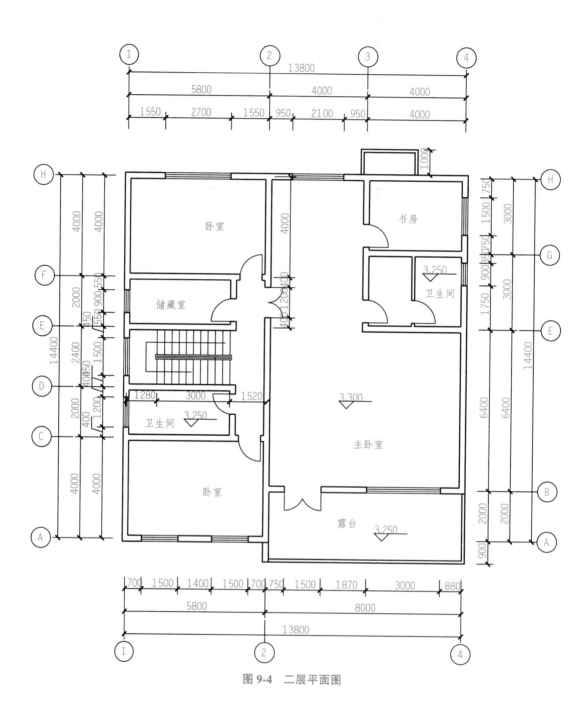

图 9-4 二层平面图

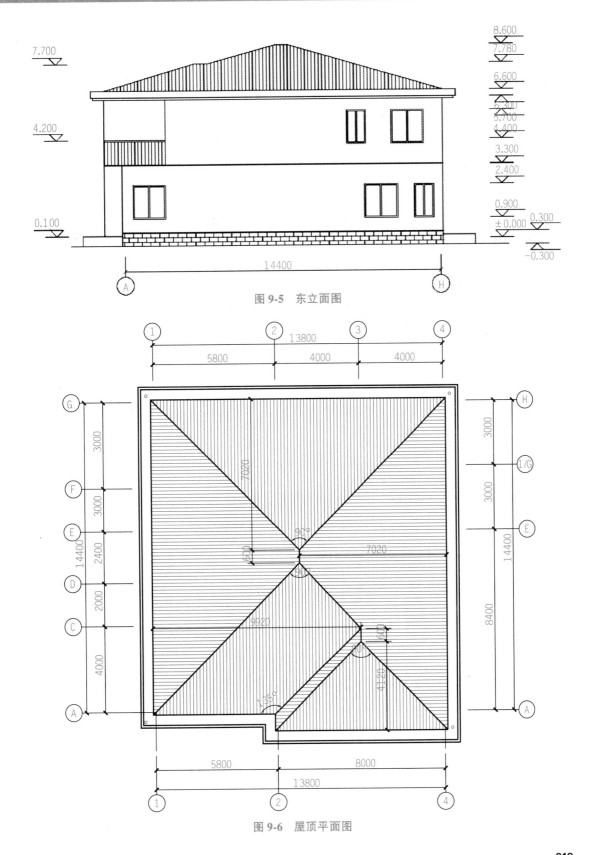

图 9-5　东立面图

图 9-6　屋顶平面图

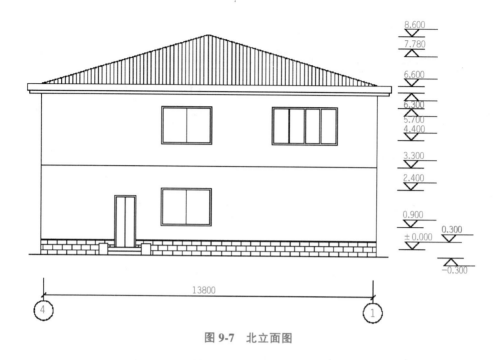

图 9-7 北立面图

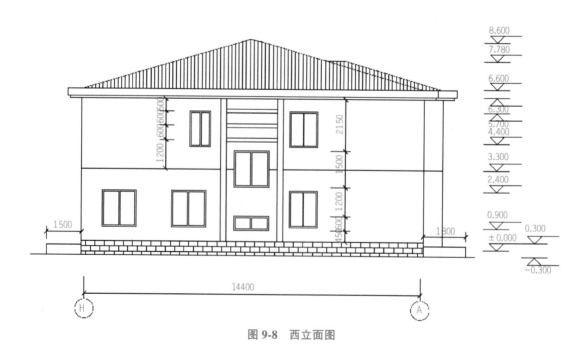

图 9-8 西立面图

任务一　绘图准备工作

任务引入

在绘制该三维模型图时，首先做前期准备，根据要求设置绘图环境，包括创建新的图形文件、新图的参数设置、图像界限设置、图层设置等。

相关知识

要进行三维绘图，首先要掌握观看三维视图的方法，以便在绘图过程中随时掌握绘图信息，并可以调整好视图效果后进行出图。

一、三维视点

1.【视点】命令启动方法

- 命令：VPOINT。
- 菜单：执行【视图】|【三维视图】|【视点】菜单命令。

工具栏中的点选命令实际是视点命令的 10 个常用的视角：俯视、仰视、左视、右视、前视、后视、东南等轴测、西南等轴测、东北等轴测、西北等轴测，用户在变化视角的时候，尽量用这 10 个设置好的视角，这样可以节省不少时间。也可以通过输入坐标值来切换，相关视点坐标值见表 9-1。

表 9-1　不同视点坐标

视点设置	视图方向
0, 0, 1	俯视
0, 0, -1	仰视
0, -1, 0	前视
0, 1, 0	后视
1, 0, 0	右视
-1, 0, 0	左视
-1, -1, 1	西南等轴测
1, -1, 1	东南等轴测
1, 1, 1	东北等轴测
-1, 1, 1	西北等轴测

2.【视点】命令选项

执行上述其中一个操作后，命令行出现信息：

当前视图方向：VIEWDIR=-1.0000，-1.0000，1.0000 　　//显示当前视点坐标

指定视点或[旋转(R)]<视点>：1，-1，1 　　　//设置视点，回车结束命令

以上各选项内容的功能和含义如下：

● 视点：以一个三维点来定义观察视图的方向的矢量。方向为从指定的点指向原点 (0，0，0)。

● 旋转(R)：指定观察方向与 XY 平面中 X 轴的夹角以及与 XY 平面的夹角两个角度，确定新的观察方向。

技巧提示：

此命令要在"模型"空间中使用，不能在"布局"空间中使用。

二、用户坐标系(UCS)

使用世界坐标系时，绘图和编辑都在单一的固定坐标系中进行。这个系统对于二维绘图基本能够满足，但对于三维立体绘图，由于实际上的各点位置不明确，绘制时很不方便。因此，在中望 CAD 系统中可以建立自己的专用坐标系，即用户坐标系。

1.【UCS】命令启动方法

● 命令：UCS。

● 工具：单击【UCS】| 工具栏下【UCS】按钮 ∠。

2.【UCS】命令选项

命令：UCS

当前 UCS 名称：* 世界*

指定 UCS 的原点或[面(F)/命名(N)/对象(OB)/上一个(P)/视图(V)/世界(W)/3点(3)/X/Y/Z/Z 轴(ZA)]<世界>：

以上各选项内容功能和含义如下：

● 指定 UCS 的原点：只改变当前用户坐标系统的原点位置，X、Y 轴方向保持不变，创建新的 UCS。

● 面(F)：指定三维实体的一个面，使 UCS 与之对齐。可通过在面的边界内或面所在的边上单击以选择三维实体的一个面，亮显被选中的面。UCS 的 X 轴将与选择的第一个面上的选择点最近的边对齐。

● 命名(N)：保存或恢复命名 UCS 定义。

● 对象(OB)：可选取弧、圆、标注、线、点、二维多段线、平面或三维面对象来定义新的 UCS。此选项不能用于下列对象：三维实体、三维多段线、三维网格、视口、多线、面域、样条曲线、椭圆、射线、构造线、引线、多行文字。

● 视图(V)：以平行于屏幕的平面为 XY 平面，建立新的坐标系。UCS 原点保持不变。

● 世界(W)：设置当前用户坐标系统为世界坐标系。世界坐标系 WCS 是所有用户坐

标系的基准，不能被修改。

- 3 点(3)：指定新的原点以及 X、Y 轴的正方向。
- X、Y、Z：绕着指定的轴旋转当前的 UCS，以创建新的 UCS。

三、视觉样式

1.【视觉样式】命令启动方法

- 命令：SHADEMODE。
- 设置当前视口的视觉样式。

2.【视觉样式】命令选项

针对当前视口，可进行如下操作来改变视觉样式。

命令：Shademode

当前模式：二维线框

输入选项[二维线框(2D)/三维线框(3D)/消隐(H)/平面着色(F)/体着色(G)/带边框平面着色(L)/带边框体着色(O)]<带边框平面着色>：

以上各选项内容的功能和含义如下：

- 二维线框(2D)：显示用直线和曲线表示边界的对象。光栅和 OLE 对象、线型和线宽都是可见的。
- 三维线框(3D)：显示用直线和曲线表示边界的对象。
- 消隐(H)：显示用三维线框表示的对象并隐藏表示后面被遮挡的直线。
- 平面着色(F)：在多边形面之间着色对象。此对象比体着色的对象平淡和粗糙。
- 体着色(G)：着色多边形平面间的对象，并使对象的边平滑化。着色的对象外观较平滑和真实。
- 带边框平面着色(L)：结合"平面着色"和"线框"选项。对象被平面着色，同时显示线框。
- 带边框体着色(O)：结合"体着色"和"线框"选项。对象被体着色，同时显示线框。

四、三维动态观察器

【三维动态观察器】命令启动方法如下：

- 命令：3DORBIT。
- 菜单：执行【视图】|【三维动态观察】菜单命令。
- 工具栏：单击【三维动态观察】工具栏中的【三维动态观察】按钮 。

进入三维动态观察模式，控制在三维空间交互查看对象。该命令可使用户同时从 X、Y、Z 三个方向动态观察对象。用户在不确定使用何种角度观察时，可以用该命令，因为该命令提供了实时观察的功能，用户可以随意用鼠标来改变视点，直到达到需要的视角的时候退出该命令，继续编辑。

技巧提示：

3DORBIT 命令处于活动状态时，无法编辑对象。

任务实施

运用中望 CAD 对别墅三维图形进行绘图环境设置，具体步骤如下。

1. 新建绘图文件

启动中望 CAD 软件，可双击 🖈 图标，打开中望 CAD 软件。

打开新图形文件，执行【文件】|【保存】菜单命令，或单击 🖫 按钮，在弹出【图形另存为】对话框中输入"文件名"为"三维图"。单击 保存(S) 按钮后，图形文件被保存为"三维图.dwg"文件。

2. 设置绘图区域界限及单位

Step01 执行【格式】|【单位】菜单命令（UN），打开【图形单位】对话框，将长度单位类型设定为"小数"，精度为"0.000"，角度单位类型设定为"十进制度数"，精度为"0.00"，如图 9-9 所示，设置完成后单击 确定 按钮即可。

Step02 执行【格式】|【图形界限】菜单命令，依据提示，设定图形界限的左下角为(0，0)，右上角为(42 000，29 700)。

Step03 再在命令行输入 ZOOM（Z），按 Space 键或 Enter 键确认，再输入 A，使输入的图形界限区域全部显示在图形窗口内。

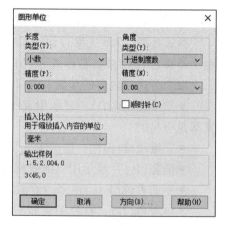

图 9-9 【图形单位】设置

3. 设置图层

执行【格式】|【图层】菜单命令（LA），或单击【图层】工具栏中的【图层特性管理器】按钮 🗃，打开【图层特性管理器】面板，设置图层的名称、线宽、线型和颜色等，如图 9-10 所示。

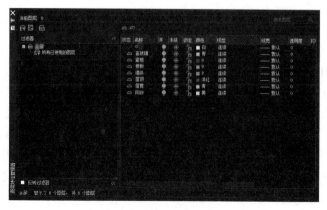

图 9-10 "图层"设置

4. 调用工具栏

在工具栏上右击，调出视图、实体和编辑三个工具栏，并靠右放置。

任务二　三维墙身的绘制

任务引入

建筑的墙身有不同的厚度，有 240 mm、370 mm，还有 120 mm、180 mm 等。在绘制墙身时，可用【多段线】命令 PLINE 在墙身图层直接绘制。中望 CAD 的【多段线】命令能更方便快捷地绘制墙身。再用【拉伸】命令拉伸墙体的高度，绘制出墙身。

相关知识

一、长方体

1. 【长方体】命令启动方法

- 命令：BOX。
- 菜单：执行【绘图】|【实体】|【长方体】菜单命令。
- 工具栏：单击【实体】工具栏中【长方体】按钮 。

2. 【长方体】命令选项

创建底面长度为 100 mm，宽度为 100 mm，高度为 200 mm 的长方体，如图 9-11 所示。

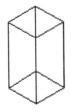

图 9-11　长方体

执行上述其中一个操作后，命令行出现信息：

指定长方体的角点或[中心点(CE)]<0，0，0>：　　　//指定长方体的角点
指定角点或[立方体(C)/长度(L)]：L
指定长度：100
指定宽度：100
指定高度：200　　　　　　　　　　　　　　　　//回车结束命令

以上各选项含义和功能说明如下：
- 长方体的角点：指定长方体的第一个角点。
- 中心点(CE)：通过指定长方体的中心点绘制长方体。
- 立方体(C)：指定长方体的长、宽、高都为相同长度。
- 长度(L)：通过指定长方体的长、宽、高来创建三维长方体。

技巧提示：

若输入的长度值或坐标值是正值，则以当前 UCS 坐标的 X、Y、Z 轴的正向创建立图形；若为负值，则以 X、Y、Z 轴的负向创建立图形。

二、球体

1.【球体】命令启动方法

- 命令：SPHERE。
- 菜单：执行【绘图】|【实体】|【球体】菜单命令。
- 工具栏：单击【实体】工具栏中【球体】按钮 ⬤。

2.【球体】命令选项

创建半径为 100 mm 的球体，如图 9-12 所示。

图 9-12 球体

执行上述其中一个操作后，命令行出现信息：

当前线框密度：ISOLINES=10   //显示当前线框密度
指定球体球心<0, 0, 0>：   //指定球心位置
指定球体半径或[直径(D)]：   //100 指定半径值，回车结束命令

以上各选项含义和功能说明如下：
- 球体半径(R)：绘制基于球体中心和球体半径的球体对象。
- 直径(D)：绘制基于球体中心和球体直径的球体对象。

三、圆柱体

1.【圆柱体】命令启动方法

- 命令：CYLINDER。

- 菜单：执行【绘图】|【实体】|【圆柱体】菜单命令。
- 工具栏：单击【实体】工具栏中【圆柱体】按钮 ▣。

2.【圆柱体】命令选项

创建底面半径为 100 mm，高度为 200 mm 的圆柱体，如图 9-13 所示。

图 9-13　圆柱体

执行上述其中一个操作后，命令行出现信息：

当前线框密度：ISOLINES = 10　　　　　　　　　//显示当前线框密度
指定圆柱体底面的中心点或[椭圆(E)]<0，0，0>：　//指定圆心
指定圆柱体底面的半径或[直径(D)]：100　　　　 //指定圆半径
指定圆柱体高度或[另一个圆心(C)]：200　　　　 //指定圆柱高度，回车结束命令

以上各选项含义和功能说明如下：

- 圆柱体底面的中心点：通过指定圆柱体底面圆的圆心来创建圆柱体对象。
- 椭圆(E)：绘制底面为椭圆的三维圆柱体对象。

技巧提示：

若输入的高度值是正值，则以当前 UCS 坐标的 Z 轴的正向创建立体图形；若为负值，则以 Z 轴的负向创建立体图形。

四、圆锥体

1.【圆锥体】命令启动方法

- 命令：CONE。
- 菜单：执行【绘图】|【实体】|【圆椎体】菜单命令。
- 工具栏：单击【实体】工具栏中【圆椎体】按钮 △。

2.【圆锥体】命令选项

创建底面半径为 100 mm，高度为 200 mm 的圆锥体，如图 9-14 所示。

图 9-14　圆锥体

执行上述其中一个操作后，命令行出现信息：

当前线框密度：ISOLINES＝10 　　　　　　　　　　　//显示当前线框密度

指定圆锥体底面的中心点或［椭圆(E)］<0，0，0> 　//指定底面圆心位置

指定圆锥体底面半径或［直径(D)］： 　　　　　　　//100 指定底面圆半径

指定圆锥体高度或［顶点(A)］：200 　　　　　　　　//指定高度，回车结束命令

以上各选项含义和功能说明如下：

• 圆锥体底面的中心点：指定圆锥体底面的中心点来创建三维圆锥体。

• 椭圆(E)：创建一个底面为椭圆的三维圆锥体对象。

• 圆锥体高度：指定圆锥体的高度。输入正值，则以当前用户坐标系统 UCS 的 Z 轴正方向绘制圆锥体，输入负值，则以 UCS 的 Z 轴负方向绘制圆锥体。

五、楔体

1. 【楔体】命令启动方法

• 命令：WEDGE。

• 菜单：执行【绘图】|【实体】|【楔体】菜单命令。

• 工具栏：单击【实体】工具栏中【楔体】按钮 。

2. 【楔体】命令选项

创建长度为 100 mm，宽度为 100 mm，高度为 200 mm 的楔体，如图 9-15 所示。

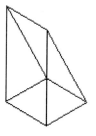

图 9-15　楔体

执行上述其中一个操作后，命令行出现信息：

指定楔体的第一个角点或［中心点(CE)］<0，0，0>： //指定底面第一个角点的位置

指定其他角点或［立方体(C)/长度(L)］：L

指定长度：100

指定宽度：100

指定高度：200 　　　　　　　　　　　　　　　//指定楔体高度，回车结束命令

以上各选项含义和功能说明如下：

• 第一个角点：指定楔体的第一个角点。

• 立方体：创建各条边都相等的楔体对象。

• 长度：分别指定楔体的长、宽、高。其中长度与 X 轴对应，宽度与 Y 轴对应，高度与 Z 轴对应。

● 中心点(CE)：指定楔体的中心点。

六、圆环

1.【圆环】命令启动方法

● 命令：TORUS。
● 菜单：执行【绘图】|【实体】|【圆环】菜单命令。
● 工具栏：单击【实体】工具栏中【圆环】按钮◎。

2.【圆环】命令选项

绘制圆环体半径为 200 mm，管状物半径为 100 mm 的圆环，如图 9-16 所示。

图 9-16　圆环

执行上述其中一个操作后，命令行出现信息：

当前线框密度：ISOLINES=10　　　　//显示当前线框密度
指定圆环体中心<0，0，0>：　　　　//指定圆环中心
指定圆环体半径或［直径(D)］：200
指定圆管半径或［直径(D)］：100　　//回车结束命令
以上各选项含义和功能说明如下：
● 半径(R)：指定圆环体的半径。
● 直径(D)：指定圆环体的直径。

七、拉伸

1.【拉伸】命令启动方法

● 命令：EXTRUDE。
● 菜单：执行【绘图】|【实体】|【拉伸】菜单命令。
● 工具栏：单击【实体】工具栏中【拉伸】按钮圖。

2.【拉伸】命令选项

执行上述其中一个操作后，命令行出现信息：

当前线框密度：ISOLINES=4　　　　//显示当前线框密度
选择对象：　　　　　　　　　　　//指定要拉伸的图形
选择对象：找到 1 个　　　　　　　//提示选择对象的数量
选择对象：　　　　　　　　　　　//回车结束选择

指定拉伸高度或[路径(P)/方向(D)]:　　　//指定拉伸高度

指定拉伸的倾斜角度θ>:　　　　　　　　//指定拉伸倾角,回车结束命令

以上各选项含义和功能说明如下:

●选择对象:选择要拉伸的对象。可进行拉伸处理的对象有平面三维面、封闭多段线、多边形、圆、椭圆、封闭样条曲线、圆环和面域。

●指定拉伸高度:为选定对象指定拉伸的高度,若输入的高度值为正数,则以当前UCS的Z轴正方向拉伸对象,若为负数,则以Z轴负方向拉伸对象。

●拉伸路径(P):为选定对象指定拉伸的路径,在指定路径后,系统将沿着选定路径拉伸选定对象的轮廓创建实体。

任务实施

运用中望CAD,绘制图9-1底层建筑平面图的墙身线。具体步骤如下。

1. 调整视图

调至墙体图层,调整视图为"俯视"。

2. 绘制主体外墙轮廓线

Step01　分析图纸,墙身厚度为240 mm,定位轴线为中心线。

Step02　创建240墙身多线。使用【多段线】命令绘制多段线1,并偏移出多段线2,对多段线2进行适当修改,如图9-17所示。

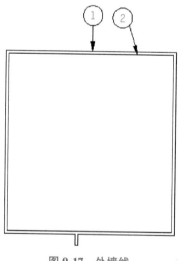

图9-17　外墙线

Step03　切换工作空间:将工作空间调整至三维建模空间,并将视图切换到"西南等轴测图"。

Step04　拉伸墙体。

①在命令行中输入【拉伸】的快捷命令EXTRUDE。

②当前线框密度:ISOLINES=4。

③选择要拉伸的对象：(选择刚刚绘制的两条多段线)。

④指定拉伸高度或[路径(P)/方向(D)]：3300；注意输入拉伸的高度时不要单击鼠标。

⑤指定拉伸的倾斜角度<0>：0。

Step05　检验(查验是否操作正确)视图。

结果如图9-18所示。

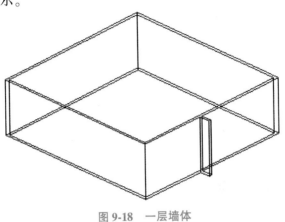

图9-18　一层墙体

任务三　三维门窗建模

任务引入

完成墙体的绘制后，即可进行门窗的绘制。门窗的绘制除相同的可以采用"复制"等方式进行图形复制或编辑外，也可以把它们作为标准图块插入到三维模型中，从而避免大量的重复工作，提高了三维建模的效率。在制作门窗块时，用【多段线】或者【矩形】命令制作窗户图块，再用三维编辑命令进行编辑。

相关知识

中望CAD提供了布尔运算功能，可以通过创建简单实体来构建复杂的三维实体。布尔运算包括并集、差集和交集。

一、并集

1. 【并集】命令启动方法

● 命令：UNION。

- 菜单：执行【修改】|【实体编辑】|【并集】菜单命令。
- 工具栏：单击【实体编辑】工具栏中【并集】按钮 ▣ 。

2.【并集】命令选项

图 9-19(a)中长方体和圆锥体相交，用并集命令将这两个实体合为一个整体，结果如图 9-19(b)所示。

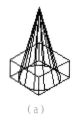 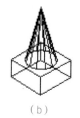

（a）　　　　　　　　　（b）

图 9-19 并集

执行上述其中一个操作后，命令行出现信息：

选择对象：找到 1 个　　　　　　　//点选一个长方体，提示选择对象数量

选择对象：找到 1 个，总计 2 个　　//点选圆锥，提示选择对象总数

选择对象：　　　　　　　　　　　//回车结束命令

二、差集

1.【差集】命令启动方法

- 命令：SUBTRCAT。
- 菜单：执行【修改】|【实体编辑】|【差集】菜单命令。
- 工具栏：单击【实体编辑】工具栏中【差集】按钮 ▣ 。

2.【差集】命令选项

图 9-20(a)中长方体和圆锥体相交，利用差集命令，从长方体中减去圆锥，结果如图 9-20(b)所示。

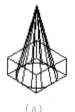

（a）　　　　　　　　　（b）

图 9-20 差集

执行上述其中一个操作后，命令行出现信息：

选择对象：找到 1 个　　　　　　　//选择需要留下的长方体

选择对象：　　　　　　　　　　　//选择实体和面域求差

选择对象：找到 1 个　　　　　　　　//选择除去的圆锥体

选择对象：　　　　　　　　　　　　//回车结束命令

三、交集

1. 【交集】命令启动方法

- 命令：INTERSECT。
- 菜单：执行【修改】|【实体编辑】|【交集】菜单命令。
- 工具栏：单击【实体编辑】工具栏中【交集】按钮 。

2. 【交集】命令选项

将图 9-21(a)中两实体相交部分形成新的实体同时删除多余部分，结果如图 9-21(b)所示。

(a)　　　　　　　(b)

图 9-21　交集

执行上述其中一个操作后，命令行出现信息：

选择对象：找到 1 个　　　　　　　　　//选择要编辑的实体

选择对象：找到 1 个，总计 2 个　　　　//选择另一要编辑的实体

选择对象：　　　　　　　　　　　　　//回车结束命令

任务实施

运用中望 CAD 软件，仔细识读一层平面图和立面图，绘制图 9-22 一层门窗三维图。具体操作步骤如下。

(1)准备工作：回到"二维线框"视觉样式，并选择"俯视"视图。

(2)确定门窗洞口。

Step01　在平面图的门窗位置绘制矩形(可用 REC 命令)，得到如图 9-23 所示的图形。

Step02　拉伸窗子和入户门：依据一层平面图和立面图的尺寸，窗的拉伸高度分别为 1 500 mm 或 600 mm，门的拉伸高度为 2 100 mm。

Step03　移动窗子：将视图调整至"前视图"，并将窗子向上移动 900 mm。

Step04　利用布尔运算生成门窗洞口。

①输入 SUBTRACT，选择实体和面域求差。

②选择对象：用鼠标单击被减的实体(选择要从中减去的实体或面域)。

③选择对象：用鼠标单击减去的实体(选择要减去的实体或面域)。

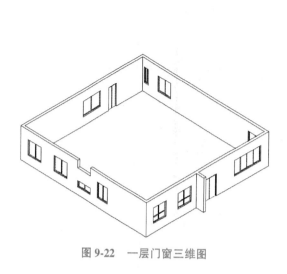

图 9-22　一层门窗三维图

图 9-23　绘制门窗洞辅助线

④按 Enter 键，结果如图 9-24 所示。

（3）做出窗体。

Step01　切换到左视图，绘制窗子分隔线，尺寸如图 9-25 所示。

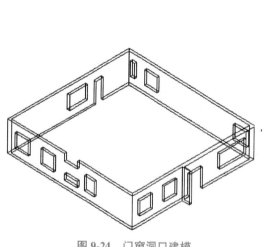

图 9-24　门窗洞口建模

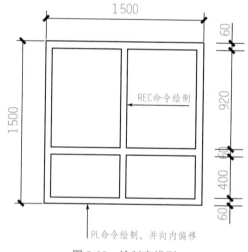

图 9-25　绘制窗模型

Step02　拉伸实体：利用【拉伸】EXTRUDE 命令拉伸刚刚绘制的窗子，拉伸高度为 60。

Step03　利用【差集】命令，做出框体，如图 9-26 所示。

Step04　加入窗玻璃。单击 按钮绘制玻璃，注意绘制时为了区分玻璃和窗框，要换一种颜色绘制玻璃，做好后将窗子定义为块，并命名为"窗 1500"，如图 9-27 所示。

Step05　复制或插入窗子。相同的窗子可以选择插入"窗 1500"，其余门和窗子的绘制方法类似。插入窗子和门后，可自行调整视图和视觉样式观察。

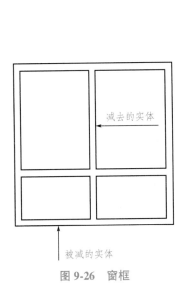

减去的实体

被减的实体

图 9-26　窗框

图 9-27　绘制窗玻璃

任务四　绘制屋顶和台阶等

任务引入

完成墙体和门窗的绘制后，即可进行屋顶的绘制。屋顶的绘制要求学生先读懂屋顶平面图，依据平面图的尺寸，用【多段线】或者【矩形】命令绘制屋顶，再用【拉伸】和【剖切】命令对屋顶进行编辑。屋顶绘制结束，接着对屋檐、阳台和台阶等进行绘制。

相关知识

1. 【剖切】命令启动方法

- 命令：SLICE。
- 菜单：执行【绘图】|【实体】|【剖切】菜单命令。
- 工具栏：单击【实体】工具栏中【剖切】按钮。

2. 【剖切】命令选项

对图 9-28（a）中的长方体进行剖切，结果如图 9-28（b）所示。

命令：SLICE

选择对象：找到 1 个　　　　　　　　　　　//选择长方体，提示选择对象的数量

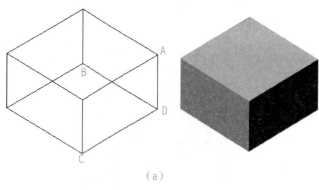

（a）   （b）

图 9-28 剖切

（a）长方体；（b）剖切后

选择对象：   //回车结束选择

指定切面上的第一个点，通过[对象(O)/Z轴(Z)/视图(V)/XY(XY)/YZ(YZ)/

ZX(ZX)/三点(3)]<三点>：   //点选点A

在平面上指定第二点：   //点选点B

在平面上指定第三点：   //点选点C，通过三点来确定剖切面

在需求平面的一侧拾取一点或[保留两侧(B)]：//点选点D，指点保留部分，回车结

　　　　　　　　　　　　　　　　　　　　　　　　束命令

以上各选项内容的功能和含义如下：

• 切面上的第一点：通过指定三个点来定义剪切平面。

• 对象(O)：定义剪切面与选取的圆、椭圆、弧、2D样条曲线或二维多段线对象对齐。

• 轴(Z)：通过指定剪切平面上的一个点，及垂直于剪切平面的一点定义剪切平面。

• 视图(V)：指定剪切平面与当前视口的视图平面对齐。

• 平面(XY)：通过在XY平面指定一个点来确定剪切平面所在的位置，并使剪切平面与当前用户坐标系统UCS的XY平面对齐。

• 平面(YZ)：通过在YZ平面指定一个点来确定剪切平面所在的位置，并使剪切平面与当前用户坐标系统UCS的YZ平面对齐。

• 平面(ZX)：通过在ZX平面指定一个点来确定剪切平面所在的位置，并使剪切平面与当前用户坐标系统UCS的ZX平面对齐。

技巧提示：

剖切后的实体保留原实体的图层和颜色特性。

任务实施

一、绘制屋顶

Step01 绘制屋顶轮廓。

（1）切换到"屋顶"图层，切换至俯视图，根据屋顶平面图用【多段线】绘制出屋顶外轮廓，如图 9-29 所示。

（2）根据屋顶外轮廓绘制矩形 A、B，如图 9-30 所示。

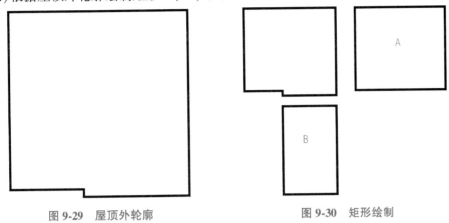

图 9-29 屋顶外轮廓　　　　　　　　　　图 9-30 矩形绘制

Step02　拉伸屋顶。

（1）将视图切换至"西南等轴测图" ◇，将 A 矩形向上拉伸高度 2 000 mm，B 矩形向上拉伸高度 1 180 mm，如图 9-31 所示。

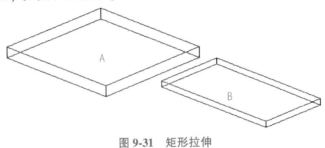

图 9-31 矩形拉伸

（2）根据屋顶平面图的尺寸，在长方体 A、B 上绘制屋脊线，连接相应的点，如图 9-32 所示。

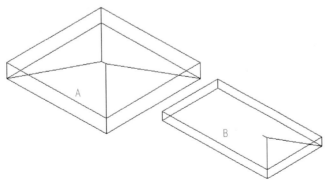

图 9-32 绘制屋脊线

Step03　剖切屋顶。

（1）将长方体 B 沿屋脊线剖切三次，结果如图 9-33 所示。

(2)将剖切好的屋顶与长方体 A 进行堆叠，并进行 4 次剖切，如图 9-34 所示(①全部选择沿点 *a*、*c*、*f* 进行剖切；②单独选择长方体 A 沿点 *b*、*d*、*e* 进行剖切；③单独选择长方体 A 沿点 *a*、*d*、*c* 进行剖切；④单独选择长方体 A 沿点 *a*、*d*、*f* 进行剖切)。

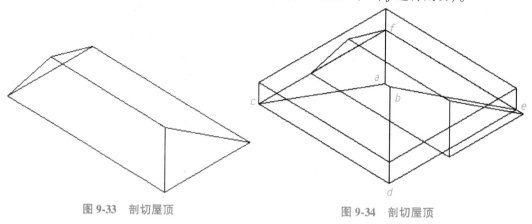

图 9-33　剖切屋顶　　　　　　　　　　　图 9-34　剖切屋顶

(3)将剖切好的 2 个屋顶进行并集 ▉，结果如图 9-35 所示。

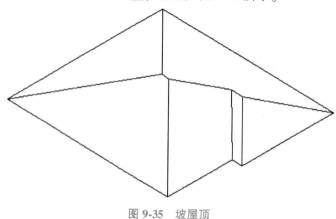

图 9-35　坡屋顶

(4)用【多段线】命令绘制屋顶边缘外轮廓，并进行拉伸，完成屋顶的绘制。

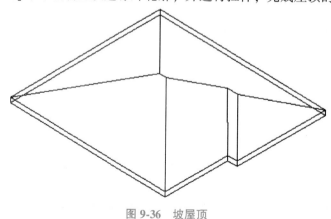

图 9-36　坡屋顶

二、绘制屋檐

Step01 绘制屋檐截面。

（1）将视图切换至主视图转换 UCS，用【多段线】绘制如图 9-37 所示的屋檐截面。

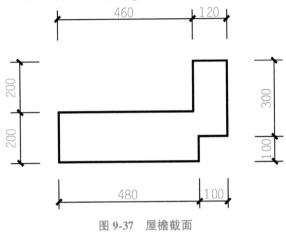

图 9-37 屋檐截面

Step02 再将视图切换至俯视图转换 UCS，用【多段线】绘制不封闭的屋顶外轮廓，并将屋檐截面放置在屋顶外轮廓线上，如图 9-38 所示。

Step03 使用【拉伸】命令，选择屋檐截面，路径为屋顶外轮廓线，进行拉伸，如图 9-39 所示。

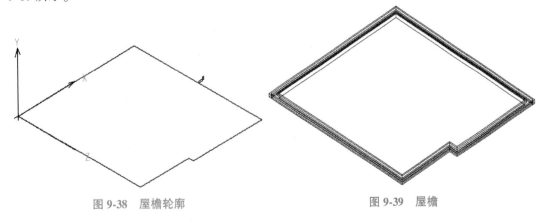

图 9-38 屋檐轮廓　　　　　　　　　　图 9-39 屋檐

三、绘制阳台

Step01 切换视图至"俯视图" ▣，并调整 UCS 坐标，根据二层平面图绘制出阳台外轮廓，并拉伸 100 mm，移动至相对位置，如图 9-40 所示。

Step02 切换视图至"西南等轴测图" ◈，并调整 UCS 坐标，绘制扶手拉伸路径，调整

UCS 坐标，向上移动 1 000 mm，如图 9-41 所示。

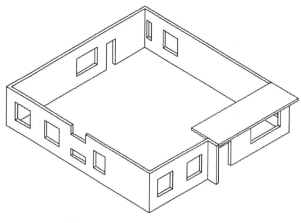

图 9-40 阳台地面

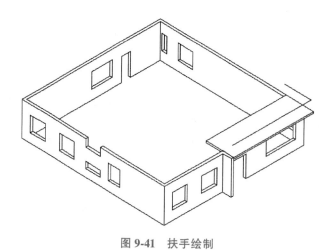

图 9-41 扶手绘制

Step03 调整 UCS 坐标，在路径一端绘制一半径为 80 mm 的圆，使用【拉伸】命令，选择圆，并选择路径，进行拉伸，如图 9-42 所示。

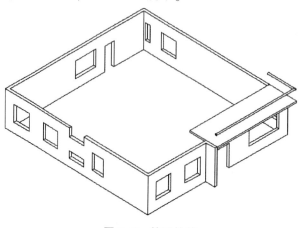

图 9-42 扶手拉伸

Step04　调整 UCS 坐标，根据尺寸绘制栏杆，并将扶手和栏杆并集，如图 9-43 所示。

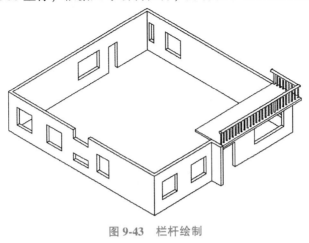

图 9-43　栏杆绘制

四、绘制台阶

Step01　将视图切换至左视图转换 UCS，用多段线绘制如图 9-44 所示的台阶截面。

Step02　将台阶截面拉伸 3 000 mm，如图 9-45 所示。

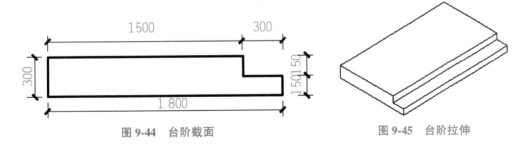

图 9-44　台阶截面　　　　　　　　　　　　图 9-45　台阶拉伸

Step03　在台阶两边根据尺寸添加遮挡，移动台阶到相应位置，移动如图 9-46 所示。

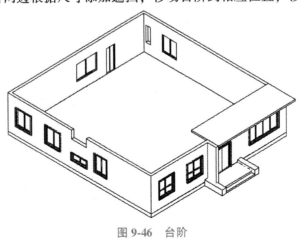

图 9-46　台阶

任务五　三维建筑模型的组装

任务引入

完成各部分三维模型的绘制后，即可对全楼进行组装。在组装时，可以用【对齐】命令进行组装，并调整视觉样式，查看是否操作正确。

相关知识

1.【对齐】命令启动方法

- 命令：ALIGN。
- 菜单：执行【修改】|【三维操作】|【对齐】菜单命令。

2.【对齐】命令选项

图 9-47(a)中一个长方体和一个楔体，用【对齐】命令将这两个实体合为一个整体，结果如图 9-47(b)所示。

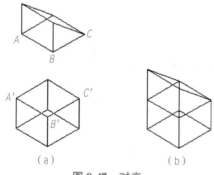

（a）　　　　　　　　　（b）

图 9-47　对齐

命令：Align	
选择对象：找到 1 个	//选择楔体，提示选择对象数量
选择对象：	//回车结束对象选择
指定第一个源点：	//点选点 A
指定第一个目标点：	//点选点 A′
指定第二个源点：	//点选点 B
指定第二个目标点：	//点选点 B′
指定第三个源点或<继续>：	//点选点 C
指定第三个目标点：	//点选点 C′

技巧提示：

【对齐】命令在二维绘图的时候也可以使用。要对齐某个对象，最多可以给对象添加三对源点和目标点。

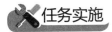 任务实施

一、绘制楼板

Step01　换到"楼板"图层，切换至俯视图 。根据平面图用多段线绘制出地基、一层楼板和二层楼板外轮廓，如图 9-48 所示。

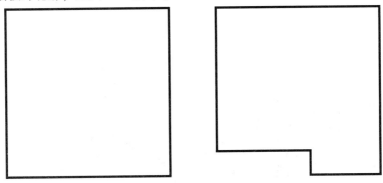

图 9-48　楼板外轮廓

Step02　切换工作空间：将工作空间调整至三维建模空间。并将视图切换到"西南等轴测图" ，拉伸楼板，因不绘制内部结构，卫生间和厨房的高度可忽略，楼板高度统一设置为 150 mm。

①在命令行中输入【拉伸】的快捷命令 EXTRUDE。

②当前线框密度：ISOLINES＝4。

③选择要拉伸的对象：选择刚刚绘制的楼板轮廓。

④指定拉伸高度或［路径（P）/方向（D）］：150；注意输入拉伸的高度时不要单击鼠标。

⑤指定拉伸的倾斜角度<0>：0。

拉伸楼板结果如图 9-49 所示。

Step03　将楼板放置在适当位置。

二、组装全楼

Step01　将工作空间调整至三维建模空间，并将视图切换到"西南等轴测图"。

Step02　用 ALIGN 命令让两实体对齐，将一层、二层的三维图依次堆叠。

选择二层三维图，指定第一个源点：点选点 A，指定第一个目标点：点选点 A'；指定第二个源点：点选点 B，指定第二个目标点：点选点 B'；指定第三个源点：点选点 C，指

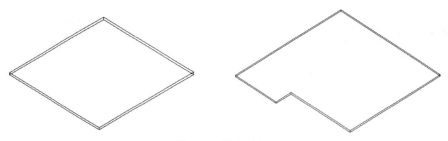

图 9-49 拉伸楼板

定第三个目标点：点选点 C'。将二层三维图堆叠到一层三维图上，如图 9-50～图 9-52 所示。

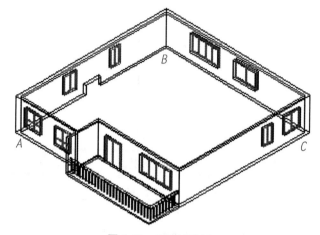

图 9-50 二层三维图

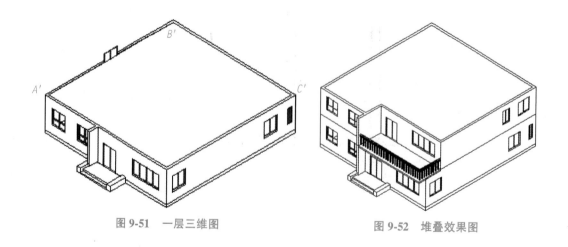

图 9-51 一层三维图　　　　　　图 9-52 堆叠效果图

技巧提示：

使用【对齐】命令时，要注意源对象和目标对象的选取，组装三维模型也可以单独使用对象捕捉命令进行组装。

任务考核

（1）依据平面图的尺寸绘制如图9-53所示的二层三维墙体。

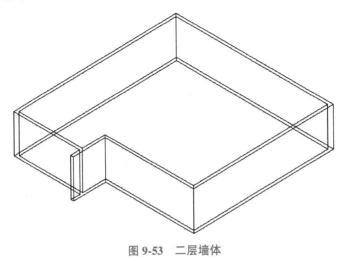

图9-53　二层墙体

（2）按图9-54尺寸绘制另一种类型的三维窗体。

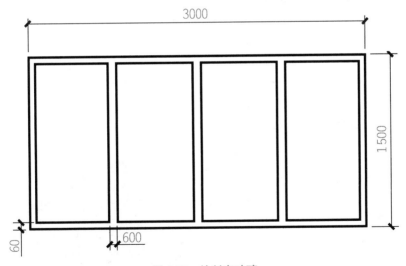

图9-54　绘制窗玻璃

（3）按图9-55尺寸绘制门三维模型。

（4）按要求绘制图9-56所示的二层门窗三维模型。

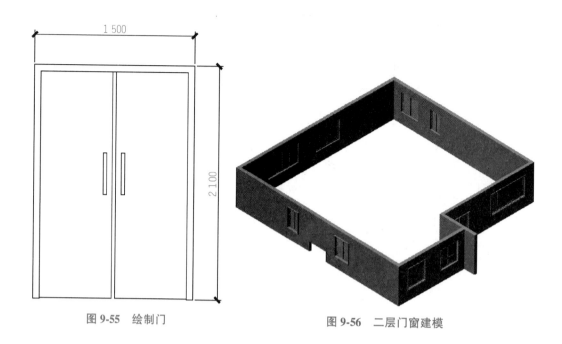

图 9-55 绘制门 图 9-56 二层门窗建模

（5）按图 9-57 尺寸绘制三维屋顶模型。

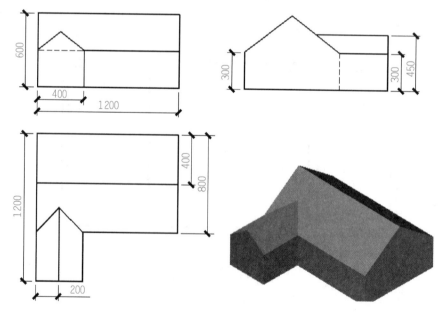

图 9-57 屋顶模型

（6）将屋顶利用【对齐】命令组装，结果如图 9-58 所示。

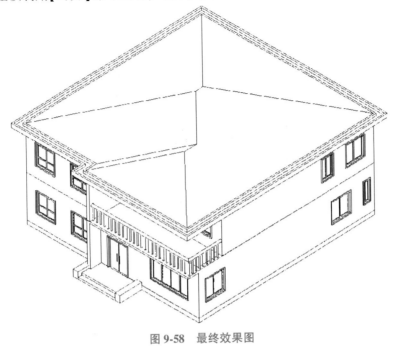

图 9-58　最终效果图

复习思考

1. 填空题

（1）布尔运算是对已有的两个或更多三维实体进行布尔运算，生成新的三维实体。布尔运算共三种：_____、_____、_____。

（2）CAD 三维操作中，剖切命令的快捷键为_____。

（3）剖切后的实体_____原实体的图层和颜色特性。

（4）三维操作中，拉伸命令执行时，是沿着_____轴正方向进行拉伸。

（5）3 点定义 UCS，第一点为_____，第二点为_____，第三点为_____。

（6）Z 轴矢量定义 UCS，第一点为_____，第二点为_____。

2. 选择题

（1）单击并拖动三维动态管理器视图启动连续运动，连续观察中三维模型的旋转速度取决于（　　）。

　　A. 鼠标拖动的距离　　　　　　　　B. 鼠标拖动的速度

　　C. 单击的位置　　　　　　　　　　D. 设定旋转速度数值

（2）用 VPOINT 命令输入视点的坐标值（1，1，1）后，看到的结果是（　　）。

　　A. 西南等轴测视图　　　　　　　　B. 东南等轴测视图

　　C. 东北等轴测视图　　　　　　　　D. 西北等轴测视图

(3)使用下列(　　　)命令可以创建圆锥实体模型。

    A. PYRAMID　　　　B. POLYSOLID　　　　C. CONE　　　　　　D. WEDGE

(4)将一个长方体模型进行分解，可以得到(　　　)。

    A. 三个面域　　　　B. 三个矩形边界　　　C. 六个面域　　　　　D. 十二条线段

(5)用 EXTRUDE 命令拉伸时，必须先建立一个二维图形，该二维图形必须是(　　　)。

    A. LINE 绘制的封闭图形　　　　　　　　B. PLINE 绘制的封闭图形，但自我相交

    C. 圆　　　　　　　　　　　　　　　　D. 圆弧

(6)在模型空间中用(　　　)命令可将视区分为多视口。

    A. UCS　　　　　　B. VPORTS　　　　　C. VPOINT　　　　　D. PLAN

(7)将两个或更多的实心体合成一体用命令是(　　　)。

    A. SLICE　　　　　B. UNION　　　　　C. ALIGN　　　　　　D. MIRROR3D

(8)应用【延伸】命令 EXTEND 进行对象延伸时(　　　)。

    A. 必须在二维空间中延伸　　　　　　　B. 可以在三维空间中延伸

    C. 可以延伸封闭线框　　　　　　　　　D. 可以延伸文字对象

(9)执行 ALIGN 命令后，选择两对点对齐，结果(　　　)。

    A. 物体只能在 2D 或 3D 空间中移动　　B. 物体只能在 2D 或 3D 空间中旋转

    C. 物体只能在 2D 或 3D 空间中缩放　　D. 物体在 3D 空间中移动旋转缩放

(10)三维【对齐】命令 Align，最多可以允许用户选择(　　　)个对应点。

    A. 3　　　　　　　B. 4　　　　　　　C. 2　　　　　　　D. 1

中望建筑软件简介（拓展部分）

项目导读

本项目是对中望公司建筑专业相关软件的介绍，包括中望 CAD 建筑版、中望结构、中望水暖电和中望建设行业 CAD 整体解决方案，有兴趣的同学可以自行学习。

项目导读

- 熟悉中望 CAD 建筑版的特点。
- 了解中望结构的特点。
- 了解中望水暖电的特点。
- 了解中望建设行业 CAD 整体解决方案。

任务一　中望 CAD 建筑版

任务引入

中望建筑 CAD 软件涵盖中望 CAD 平台的所有功能，是目前国内第一套从底核平台到专业设计一体化的建筑 CAD 设计系统。软件采用自定义对象技术，以建筑构件作为基本设计单元，具有人性化、智能化、参数化、可视化特征，集二维工程图、三维表现和建筑信息于一体。具备较强的学习性、趣味性与可视性，绘图过程中既能快速掌握软件的各个功能操作，又能快速学习各类建筑构件的专业知识，对于构建学生三维空间想象能力有较强的帮助作用。软件与行业应用贴合，反映了行业新规范、新技术和新工艺，适合职业类院校示范院校建筑工程技术专业人才培养目标及教学改革要求；软件也适合高等院校建筑类专业教育教学研究使用。

中望建筑 CAD 软件支持主流的操作系统，最大程度地发挥硬件多核、高内存的性能，同时，汇集了建筑设计行业专用功能和丰富的图库，显著加快设计效率，极大地提升用户的设计能力。

在集成了中望 CAD 全部功能的基础上，中望建筑 CAD 软件更具有如下特色：

①深度兼容主流建筑软件的操作习惯和文件格式。

②CAD 平台软件，即可直接打开和显示中望建筑 CAD 软件的图纸，无需插件支持。

③采用自定义剖面对象并提供绘图工具，让剖面绘图与编辑更智能。

④门窗整理系列、智剪轴网、在位编辑等特色功能，让建筑设计更方便、快捷。

图 10-1 所示为中望 CAD 建筑教育版的主界面。

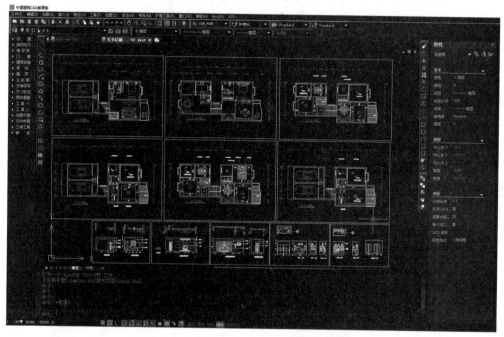

图 10-1　中望 CAD 建筑教育版的主界面

相关知识

一、方便的使用方式

（1）界面定制。屏幕菜单采用"折叠式"两级结构形式，菜单结构清晰、图文并茂，支持鼠标右键及滚轮快捷调用与切换子菜单。

中望 CAD 建筑版提供"标准菜单""立面剖面""总图平面"三种个性子菜单，并支持用户自定义配置屏幕菜单，如图 10-2 所示。

中望 CAD 建筑版遵循"屏幕菜单创建，右键菜单编辑"的原则，右键菜单中功能丰富，根据不同对象类型，弹出与之对应的编辑命令，减化操作步骤，显著提升操作效率，如图 10-3 所示。

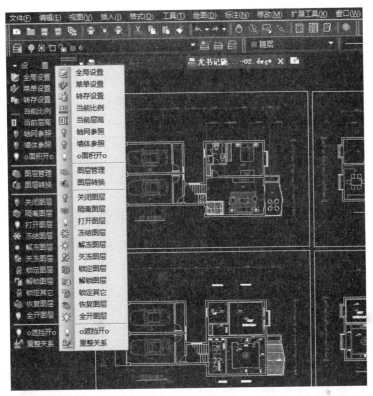

图 10-2 个性菜单

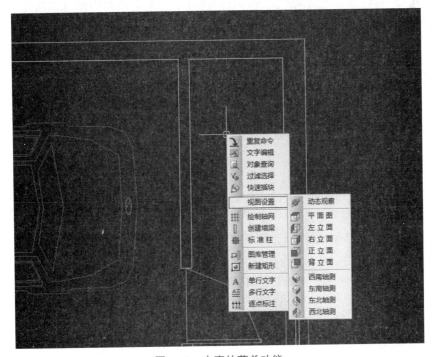

图 10-3 丰富的菜单功能

（2）超强兼容。参数化编辑：深度兼容其他 CAD 建筑图纸，可直接参数化编辑这些建筑软件所生成的自定义实体。

无插件依赖：无需任何插件，纯 CAD 平台即可直接打开中望 CAD 建筑版所生成的图纸，而不丢失任何图元构件。

双向兼容：支持将图档数据转换为其他建筑软件图纸格式，并可用于其他建筑设计软件对图纸继续设计，如图 10-4 所示。

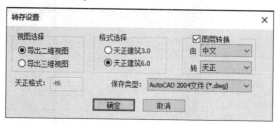

图 10-4　双向兼容

二、丰富的图库

（1）标准规范。按国标《房产测量规范》（GB/T 17986—2000）自动统计各种房产面积，制订了标准中文和英文两个图层标准，同时，还支持应用广泛的其他建筑 CAD 图层标准，三者之间可以相互转换，如图 10-5、图 10-6 所示。

（2）门窗收藏。提供对各种常用门窗的归类整理。门窗库虽然类别丰富，但查找不便。门窗收藏可以对项目中常用门窗样式进行有效管理，收藏夹中的门窗可以从库中选取单个收藏，也可以直接从之前项目图纸中批量提取，如图 10-7 所示。

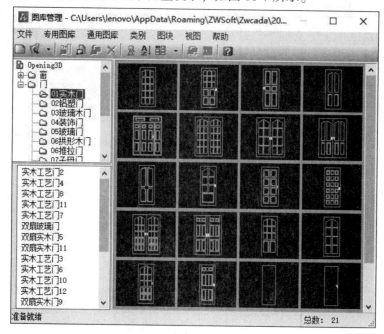

图 10-5　设计素材 1

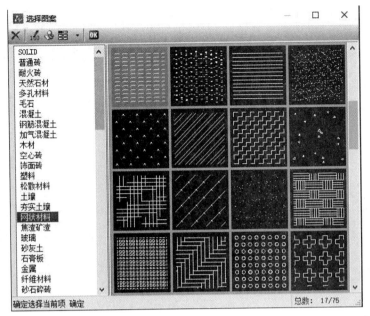

图 10-6 设计素材 2

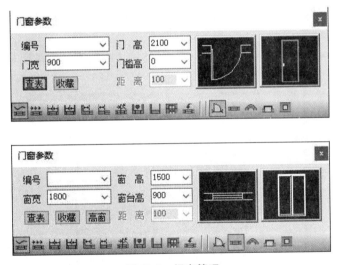

图 10-7 门窗管理

三、智能化绘图工具

(1)快速成图。具备完善的平立剖设计功能，从轴网、墙、柱、门窗、楼梯、屋顶、阳台、台阶创建到尺寸标注、轴网标注、坐标标注、标高标注、文字、表格，从平面图、立面图、剖面图再到构件详图，中望 CAD 建筑版都可以轻松绘制完成，如图 10-8 所示。

(2)智剪轴网。施工图设计到最后阶段，需要对图面的轴网进行修剪和整理，以达到图面美观、简洁、清晰的工程图出图标准。中望 CAD 建筑版提供智剪轴网功能，一键修剪轴网，如图 10-9 所示。

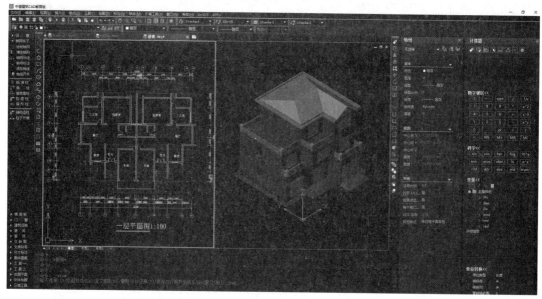

图 10-8　快速成图

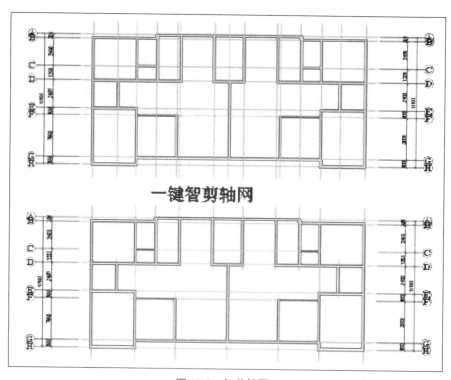

图 10-9　智剪轴网

四、便捷的修改和统计工具

（1）门窗整理。门窗整理功能，对全图门窗进行批量或逐个整理，有效管理门窗样式、门窗尺寸。通过门窗整理功能，可以快速发现设计图纸的不合理现象，以醒目的方式提醒用户，对门窗样式进行修改，如图 10-10 所示。

（2）户型统计。智能户型统计，可按套型、房间使用面积、套内墙体面积、套内阳台面积、套内建筑面积、分摊面积、建筑面积，一键准确统计，并提供对跃层分项的控制，大大简化户型统计工作量，显著提升工作效率，如图 10-11 所示。

编号	宽度	高度	窗台高
窗			
18X15(3)	1800	1500	900
21X15(2)	2100	1500	900
30X15(1)	3000	1500	900
门			
10X21(2)	1000	2100	0
9X21(4)	900	2100	0

编号	跃层分项	户型	面积分类 /㎡						户数				
			房间使用面积	套内墙体面积	套内阳台面积	套内建筑面积	分摊面积	建筑面积	1层	2~5层	6层	7层	合计
1-A		3室1厅2卫	82.7	7.61	5.87	96.18	14.94	111.12	1				1
1-B		3室1厅2卫	82.7	7.61	5.87	96.18	14.94	111.12	1				1
1-C		2室1厅1卫	66.27	5.64	5.51	77.42	12.03	89.45	1				1
1-D		2室1厅1卫	66.27	5.64	5.51	77.42	12.03	89.45	1				1
1-E		3室1厅2卫	82.7	7.61	5.87	96.18	14.94	111.12		1×4			4
1-F		3室1厅2卫	82.7	7.61	5.87	96.18	14.94	111.12		1×4			4
1-G		2室1厅1卫	66.27	5.64	5.51	77.42	12.03	89.45		1×4			4
1-H		2室1厅1卫	66.27	5.64	5.51	77.42	12.03	89.45		1×4			4
1-L	下层	3室1厅2卫	82.7	7.61	5.87	96.18	14.94	111.12					
	上层	3室1厅2卫	82.7	7.61	5.87	96.18	14.94	111.12					
	合计	6室2厅4卫	165.4	15.22	11.74	192.36	29.88	222.24				1	1

图 10-11 户型统计

任务二 中望结构

任务引入

中望结构是一套按照我国建筑行业与钢结构行业 CAD 制图标准，基于中望 CAD 平台上开发出来的专业结构设计绘图软件，支持参数输入，提供方便的计算工具、结构符号、结构查询、尺寸文字工具、图框工具等。

相关知识

一、专业绘图工具

（1）提供丰富的参数化设置功能，绘图前即可直接进行设置，提高设计效率。钢筋间距符号、点钢筋直径、直钢筋宽度、保护层厚度等均可由用户自由设置。尊重用户绘图习惯，使用起来得心应手。

（2）提供完善的钢筋绘制和编辑工具，钢筋绘制采用实时预览方式绘制，并能自动生成标注。

二、兼容建筑模块

无缝集成中望建筑的基本绘图功能，可进行轴网、墙体、梁等的绘制，实现一个软件，两套系统。应用中望结构软件可以缩短绘图时间，大大提高设计、计划工作的技术含量、工作深度和决策质量。

三、符合行业标准

根据混凝土结构设计和国家相关规范要求进行设计，使项目顺利验收。以国家设计规范为依据，采用新标准规定的绘图方法绘制施工图，与住房和城乡建设部颁布实施的平法制图规则《混凝土结构施工图平面整体表示方法制图规制和构造详图》保持一致；同时，兼顾设计师的使用习惯，保留了按照传统的绘图习惯绘制施工图。

四、智能计算功能

（1）提供丰富的钢筋混凝土计算功能。中望结构提供的计算可以完全取代手工计算，实现计算、绘图、计算书的一体化。

（2）提供抗震类的安全计算，符合建筑抗震设计规范，如图 10-12 所示。

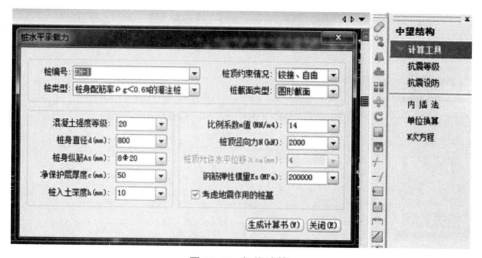

图 10-12　智能计算

任务三　中望水暖电

任务引入

中望给排水、中望暖通、中望电气，简称"中望水暖电"。

采用统一工作平台，界面人性化、操作智能化、构件创建参数化、建模过程可视化，利用多视图技术实现二维图形与三维模型同步一体，最大限度减少建筑设备专业设计团队之间、建筑师与结构工程师之间的协调错误，同时配有丰富的专业计算功能，显著提升绘图效率。

另外，还能为工程师提供碰撞检查分析，支持建筑信息模型（BIM），促进可持续设计。

相关知识

中望水暖电具有以下特点：

一、超强兼容，文件交互复用无忧

采用统一工作平台，多专业图纸数据共享应用，兼容其他水暖电专业设计软件，设计成果直接继承，实现无障碍交互。

二、专业建筑设计，基础绘图更快捷

提供基础建筑设计功能，可以实现轴网柱子、墙体、门窗、房间屋顶、楼梯的绘制，迅速完成建筑施工平面图，同步搭建建筑三维模型，大幅缩短工程师绘图时间。

三、智能化设计，使设计更简单

采用自定义实体技术，实现智能联动的管线综合设计，自动生成材料表、系统图、原理图等，简单快速完成设备施工图设计。

四、准确专业计算，提高设计质量

功能全面的计算工具，准确可靠地实现建筑给排水、暖通空调、电气计算，便捷地导

入导出计算结果等智能化的数据处理方式极大提升了计算效率及设计精度，实现专业计算与绘图的完美结合。

五、分析建筑性能，实现可持续设计

二维、三维一体设计，提供碰撞检查，支持 BIM 相关设计，为水暖电专业设计师提供更为明智的决策，实现项目可持续设计。

任务四　工程建设行业 CAD 整体解决方案

任务引入

全新的中望 CAD 工程建设行业整体解决方案，整合中望 CAD 建筑版、中望结构、给排水、暖通、电气等专业应用于全新一代 CAD+平台上，可以向用户提供完整的、适应本地化设计习惯及操作规范要求的工程设计 CAD 解决方案。

相关知识

中望 CAD 工程建设行业整体解决方案具有以下特点：

一、超强兼容

采用统一的技术平台，兼容客户多年累计的设计图纸，并能实现跨专业间、上下游的数据无缝兼容。

二、快速流畅

基于 CAD+全新内核的领先技术，独创的内存管理机制和高效的运算逻辑技术，带来快速流畅的设计体验。

三、多专业协同

中望建筑、结构、给排水、暖通及电气之间可实现多专业模型共享应用。

四、高性价比

价格合理，可大幅降低企业软件使用成本，帮助企业实现信息化和正版化。

任务考核

请有兴趣的同学课后自己下载软件学习研究。

复习思考

简答题

(1)中望建筑 CAD 软件相比于中望 CAD+软件有哪些特色？

(2)中望水暖电由哪几个部分组成？

(3)中望 CAD 工程建设行业整体解决方案的特点有哪些？

参 考 文 献

[1] 住房和城乡建设部 . 2011—2015 年建筑业信息化发展纲要[Z]，2011.

[2] 张成方，李超 . BIM 软件及理念在工程应用方面的现状综述与分析[J]. 科技创新与应用 . 2013，19：82.

[3] 贺灵童 . BIM 在全球的应用现状[J]. 工程质量 . 2013，3(31)：12-19.

[4] 丁金滨 . AutoCAD 2012 建筑设计从入门到精通[M]. 北京：清华大学出版社，2012.

[5] 邱玲，张振华，于淑莉 . 建筑 CAD 基础教程[M]. 北京：中国建材工业出版社，2018.

[6] 孙海栗 . 建筑 CAD[M]. 北京：化学工业出版社，2017.

[7] 刘建华 . AutoCAD 2012 建筑绘图高手速成[M]. 北京：电子工业出版社，2018.

[8] 姜勇，李善锋 . 从零开始 AutoCAD 2008 中文版建筑制图基础培训教材[M]. 北京：人民邮电出版社，2009.

[9] 徐江华 . AutoCAD 2014 中文版基础教程[M]. 北京：中国青年出版社，2014.

[10] 彭国之，谢龙汉 . AutoCAD 2010 建筑制图[M]. 北京：清华大学出版社，2011.

[11] 任安忠 . 建筑 CAD[M]. 南京：南京大学出版社，2018.